BAJA CALIFORNIA TRAVELS SERIES
General Editors: Edwin Carpenter & Glen Dawson
40

LOS REGISTROS DE MARCAS DE BAJA CALIFORNIA SUR

W. MICHAEL MATHES

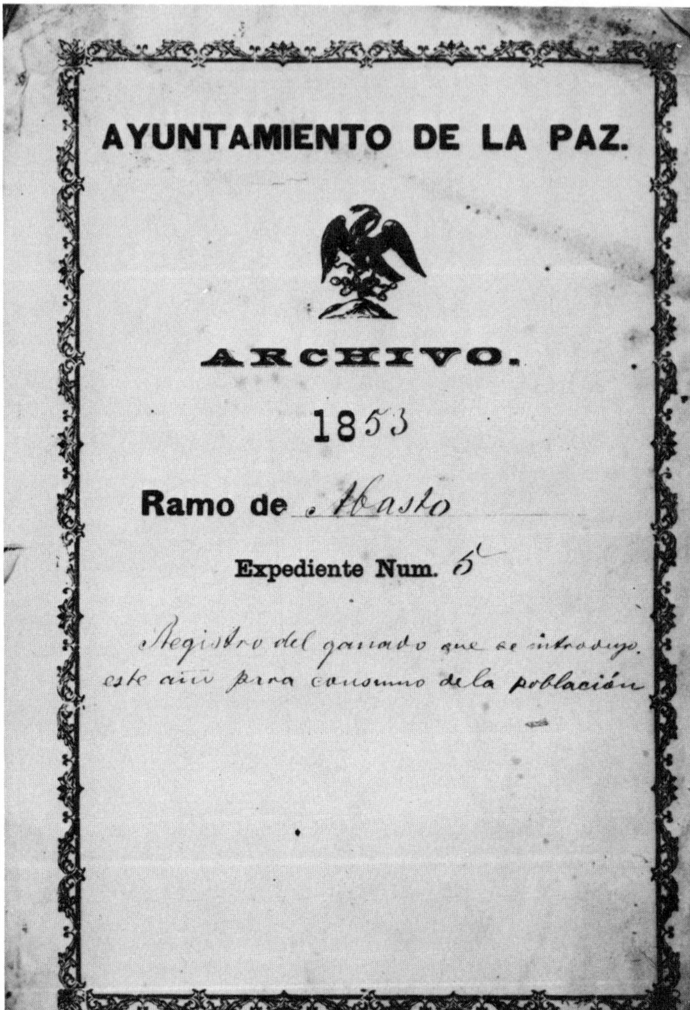
AYUNTAMIENTO DE LA PAZ.

ARCHIVO.

1853

Ramo de Abasto

Expediente Num. 5

Registro del ganado que se introdujo este año para consumo de la población

Title page of the Regístro del Ganado, 1853

Cattle Brands of Baja California Sur 1809-1885

LOS REGISTROS DE MARCAS DE BAJA CALIFORNIA SUR

Compiled and edited by
W. MICHAEL MATHES

1978

Published for the Archivo Histórico de Baja California Sur Pablo L. Martínez, La Paz by Dawson's Book Shop, Los Angeles

Library of Congress Catalog Card Number: 75-43217
ISBN 0-8793-240-3
Dawson's Book Shop, 535 North Larchmont Boulevard
Los Angeles, California

A MIS AMIGOS SUDCALIFORNIANOS

TABLE OF CONTENTS

ILLUSTRATIONS

Photographs of Chinampo cattle on cover and pages 12, 32, and 40 are by Dr. Aurelio Martínez Balboa.

Chinampo cattle, Baja California Sur. Photo by Dr. Aurelio Martínez Balboa

An Historical Survey of Livestock Raising in Baja California Sur 1535-1853

As in the case of other regions of the Americas, Baja California had no native cattle or horses prior to the arrival of Europeans. The attempt of Fernando Cortés to occupy the region of La Paz in 1535 also marks the first introduction of domestic livestock to the peninsula, for in several instances the chroniclers of this event as well as the correspondence of Cortés allude to the possession of horses, sheep, and hogs by the Spanish settlers.[1] The short-lived colony at La Paz did not prosper, however, and in all probability such livestock as remained was returned to New Spain with the abandonment of the settlement in 1536.

The second attempt to settle the region of La Paz was made by Sebastián Vizcaíno in 1596, and was again unsuccessful. Reports of this expedition reflect the introduction of horses as well as of cattle with which to supply the settlers with beef; however, the latter were probably slaughtered and consumed by the Spanish or returned to New Spain when the colony was abandoned four months after its establishment.[2]

As a general rule, voyagers in the seventeeth century carried a small number of livestock aboard ship to supply crews with fresh meat. Such was the case with most of the pearl fishing enterprises in the Gulf of California between 1615 and 1668; however, the stock carried was usually restricted to chickens, sheep, hogs, and goats rather than cattle and horses. While concessions for pearl fishing in the gulf generally obligated the recipient to colonize the peninsula and, in so doing, introduce such livestock and crops as necesary, these obligations were not met.[3]

These failures of private entrepreneurs to establish a permanent settlement in Baja California between 1535 and 1668 resulted in a change in method for colonization by the Spanish crown in 1679, with the granting of a mission field on the peninsula to the Society of Jesus. As a result of this new policy, Admiral Isidro de Atondo y Antillón and Fathers Eusebio Francisco Kino, Matías Goñi, and Juan Bautista Copart established the mission of San Bruno on the Gulf of California, twenty kilometers to the north of Loreto, in 1683. According to the reports of Atondo and Kino, a total of 187 horses and mules were brought from Sinaloa between 1683 and 1685, and, while some losses were also reported, these were not sufficient to cause a great reduction in numbers, so in all probability some stock was left in San Bruno with the abandonment of the mission in May, 1685.[4]

Although no direct evidence of the release or escape of livestock in Baja California prior to the establishment of the first permanent mission at Loreto in 1697 is known, it is reasonable to suppose that not all stock were slaughtered nor returned to New Spain during the 167 years of Spanish contact with the peninsula. The question of the early existence of feral cattle and horses on the peninsula is thus raised. Considering, however, the voracious appetites of the indigenous peoples who, unaccustomed to domestic animals, tended to slaughter any livestock not guarded by the Spaniards and the arid, relatively grassless terrain, the likelihood of such feral survival is very slight.[5]

With the establishment of the Jesuit mission at Loreto, the intensified introduction of cattle, horses, mules, and burros, as well as sheep, goats, and hogs began. In October, 1697, Father Juan María de Salvatierra brought thirty head of cattle and one horse for the establishment of the mission, and in the summer of 1698 he received an additional eight cows, six mares, and an undisclosed number of stallions and geldings from Sinaloa.[6] This initial herd was greatly increased by the receipt of 200 head of cattle and 170 horses donated from the missions of Oposura, Ures, Cucurupe, Mátape, Guepaca, and Arispe in Sonora by Father Eusebio Francisco Kino, who, although superior of those missions, retained a deep interest in the success of his fellow Jesuits in Baja California. Such cooperation continued in succeeding years, and in 1703 Father Juan de Ugarte returned to Loreto from Guaymas with cattle, horses, mules, and sheep.[7]

Although few statistics are available to reflect the expansion of livestock raising during the Jesuit mission period, it is evident that, despite losses due to Indian attack, mountain lions, and drought, a sufficient number of cattle and horses survived and multiplied in Baja California Sur to enable the Jesuits to supply small herds to each of the newly-established missions. For the founding of Nuestra Señora del Pilar de La Paz in 1720 Father Clemente Guillén drove 18 horses and mules from San Juan Malibat-Ligüí, and in 1730 Father Juan Bautista Luyando reported that his mission of Santa Rosalía de Mulegé possessed 319 head of cattle and 140 horses and mules.[8] Further data are provided by Father Wenceslaus Linck, who reported in 1763 that he had received 650 head of cattle and 80 mares donated by the southern missions for the establishment of mission San Francisco Borja, thus reflecting an abundance of livestock on the peninsula.[9]

There are no extant records indicating the branding of this mission livestock by the Jesuits and, although branding was an ancient Spanish practice, it would appear to have been unnecessary in Baja California during most of the Jesuit mission period. Inasmuch as all livestock on the peninsula prior to 1748 was directly held by the Society of Jesus and was constantly transferred from mission to mission to decrease or increase herds as water and forage permitted, branding would have been superfluous. Nevertheless, with the granting of the first secular enterprise for the mining of silver at Real de Santa Ana to Manuel de Ocio in 1748, branding may well have been employed to distinguish stock raised by Ocio from that of the missions of La Paz, Santiago, and Todos Santos. [10] If such was the case, the extensive use of branding is doubtful, for Ocio was often in conflict with the missionaries over livestock ownership.

The expulsion of the Jesuits and the occupation of the ex-Jesuit missions by the Franciscans in 1768 resulted in somewhat more extensive data on mission livestock in Baja California Sur due to the taking of inventories; however, little information on the expansion of secular cattle-raising enterprises following that year has come to light. Documentation does show, nevertheless, that numerous grants of private ranches were made by Visitor General José de Gálvez during his sojourn in Baja California Sur in 1768, and that private ranching was developed during the latter part of the eighteenth century. This necessitated some method of determining ownership of cattle, horses, and mules; however, no specific regulation was issued in this regard until 14 March 1775 when Governor Felipe de Neve ordered all cattle to be branded within four months, with those not branded within the alloted time to be considered wild and free for slaughter by Indians or for supply to the presidios of Loreto, San Diego, and Monterey. This order notwithstanding, little mention of early branding has come to light and many ranchers appear to have ignored the order.[11] Franciscan inventories show that La Paz possessed three cows, their calves, two large heifers, one wild bull, wild cattle of an undisclosed number, six oxen, five horses, and three mules in 1770,[12] while in the extreme southern part of the peninsula, in 1772, mission Todos Santos held 400 head of cattle, 100 mares, 40 stallions, and 70 mules, and mission Santiago de los Coras merely had a herd of wild cattle.[13]

These reports of wild cattle were not limited to La Paz and Santiago, for similar reports were received from Loreto, San José de Comondú, and Santa Rosalía de Mulegé in 1772.[14] The existence of wild livestock in the late eighteenth century was possible due to the decline of the Indian population and its becoming accustomed to domestic animals; the adaptation of cattle to the arid countryside, relatively devoid of grass. which caused them to become browsing animals living off mesquite, shrubs, and even cactus; and the need for cattle to range extensively in search of adequate forage. These feral or semi-feral cattle, the Chinampo, remain in great quantity throughout Baja California Sur and comprise the majority of herds in areas distant from population centers. Rugged, able to survive two or three days without water, and nourished by browse, the Chinampo is considered to be the most pure descendant of Spanish cattle to be found in the Americas.[15]

The final phase of missionary activity in Baja California, that of the Dominicans from 1774 to 1845, provides some further data as to livestock population in the southern peninsula; such information relative to the development of private ranching remains unavailable, however. In the late eighteenth century, the southern missions inventoried their livestock as follows:[16]

San José del Cabo:	1778	1782	1800
Cattle	302	535	388
Mules	14	68	1
Horses	239	163	546
Santiago de los Coras:	1778	1782	1794
Cattle	140	280	600
Mules	19	—	—
Horses	—	92	250

Todos Santos:	1778	1782	1793	1800
Cattle	1701	888	—	729
Mules	64	113	—	125
Horses	338	462	751	390

The causes for the fluctuations in these figures are not known, but the semi-feral nature of herds prevented accurate inventories.

The granting of lands for secular cattle ranching was much more frequent in the early nineteenth century, and ranchers in the regions of Loreto, Comondú, La Paz, Todos Santos, San Antonio, and San José del Cabo greatly increased the livestock population in Baja California Sur, although again, no precise statistics are available. These herds were further expanded through mission secularization between 1769 and 1833, a process which released mission lands and livestock for private development. The methods of ranching, nevertheless, did not change, with semi-feral cattle being permitted to browse freely over great expanses of vacant land. So common was this open range method of stock raising that by the late 1830s large herds of wild cattle and horses were seen to the north of La Paz on the Llanos de Hiray and Llanos de Magdalena.[17]

The existence of these large herds of feral stock, and the evident value of livestock raising as an economic base for Baja California Sur, led to the ordering of general roundups and the establishment of directly controlled herds by Political Chief Luis del Castillo Negrete in 1838.[18] As a result of this regulation, branding became necessary to establish ownership and prevent the rustling of stock; thus, as may be seen from the registries published herein, by mid-century the branding of livestock had become universal in the district of La Paz. During the last half of the century Baja California Sur, despite its arid and rugged terrain, became an important cattle-raising region, well known for the production of excellent quality leather, an industry which retained its importance well into the twentieth century. While other enterprises have overshadowed the leather industry in recent years, cattle raising remains an important contributor to the economy with an increasing introduction of Brahma and Hereford stock to produce a higher quality beef animal.

The brands illustrated herein are from the following documents found in the Archivo Histórico de Baja California Sur, La Paz:

I.—No. 25, Años de 1842 a 1853, Municipalidad de La Paz: Regístro de Fierros para herrar vestias y ganado vacuno; Contiene este expediente Noticia de los fierros que este municipio ha consedido usen varios vecinos de esta municipalidad para marcar sus animales. The officials registering the brands were: Antonio Ruffo, Juez de Primera Instancia (1842); Francisco Villegas, Alcalde (1848); Antonio Ramírez, Alcalde (1848); Juan José Encinas, Alcalde Primero (1849); Carmen Ramos, Alcalde Primero (1850, 1853); Cristóbal Saucedo, Juez de Segunda Instancia (1850); José María Sandoval, Alcalde Segundo (1851); Francisco Graña, Regidor (1851); José Angulo, Alcalde Primero (1852); and, Justo Cota, Juez de Primera Instancia (1852). Several of these officials were also brand holders.

II.—Ayuntamiento de La Paz, Archivo 1853, Ramo de Abasto Expediente Núm. 5: Regístro del ganado que se introdujo este año para consumo de la población.

III.—Ayuntamiento de La Paz, Archivo 1856, Ramo de Abasto, Expediente Núm. 4: Regístro de las reses que se introdujeron en los años de 1855 y 56 para consumo de la población.

IV.—Cuaderno para asentar los regístros de fierros que se han autorizado en el presente año de 1855. The officials registering the brands were Manuel Amao, Juez de Primera Instancia (1855-1857); Carmen Ramos, Juez de Primera Instancia (1857); Justo Cota, Juez de Primera Instancia (1857); Ramón Navarro, Juez de Primera Instancia (1854, 1857-1858); Tomás Balareso, Juez de Primera Instancia (1859); and Pablo Pozo, Juez de Primera Instancia (1859-1860).

V.—Comondú 1861; Yndice de los fierros consedidos por esta Municipalidad para herrar bienes de campo. Certified by Loreto Verdugo, Presidente del Ayuntamiento.

VI.—Archivo, Ayuntamiento de la Municipalidad de La Paz: Solicitudes de fierros, Años 1867 y 1869. Registered by Jesús Ríos, Secretario del Ayuntamiento.

VII.—Año de 1871, Libro en que constan las solicitudes de marcas y señales de herrar los animales de los vecinos de este municipio correspondientes al presente año. Registered by Jesús Ríos, Secretario del Ayuntamiento.

VIII.—Número 46½, 1871: Regístro de Fierros. Registered by Jesús Ríos, Secretario del Ayuntamiento.

IX.—Archivo del Ayuntamiento de la Municipalidad de La Paz, Ramo Solicitudes de Fierros, 1872-1885-1884. The officials registering the brands were: Jesús Ríos, Secretario del Ayuntamiento (1869-1872); Tranquilino Villarino, Juez del Regístro Civil (1869); Adrián

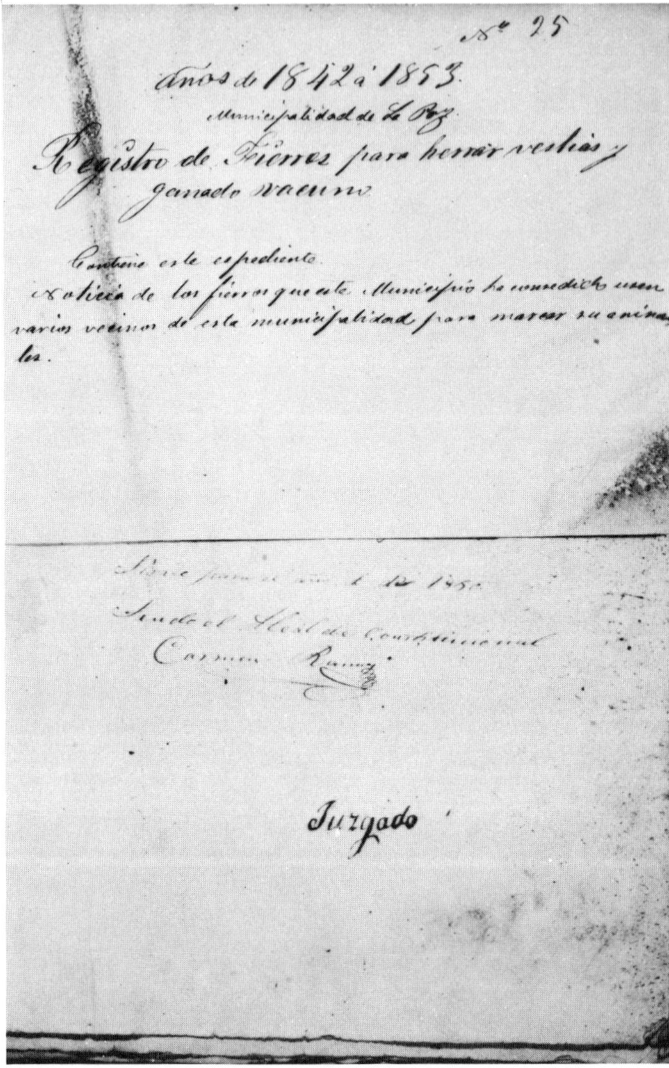
Nº 25

Años de 1842 á 1853.

Municipalidad de La Paz.

Regístro de Fierros para herrar vestias y ganado vacuno

Contiene este expediente

Noticia de los fierros que este Municipio ha concedido a varios vecinos de esta municipalidad para marcar sus animales.

Juzgado

Title page of the Regístro de Fierros, 1842-1853

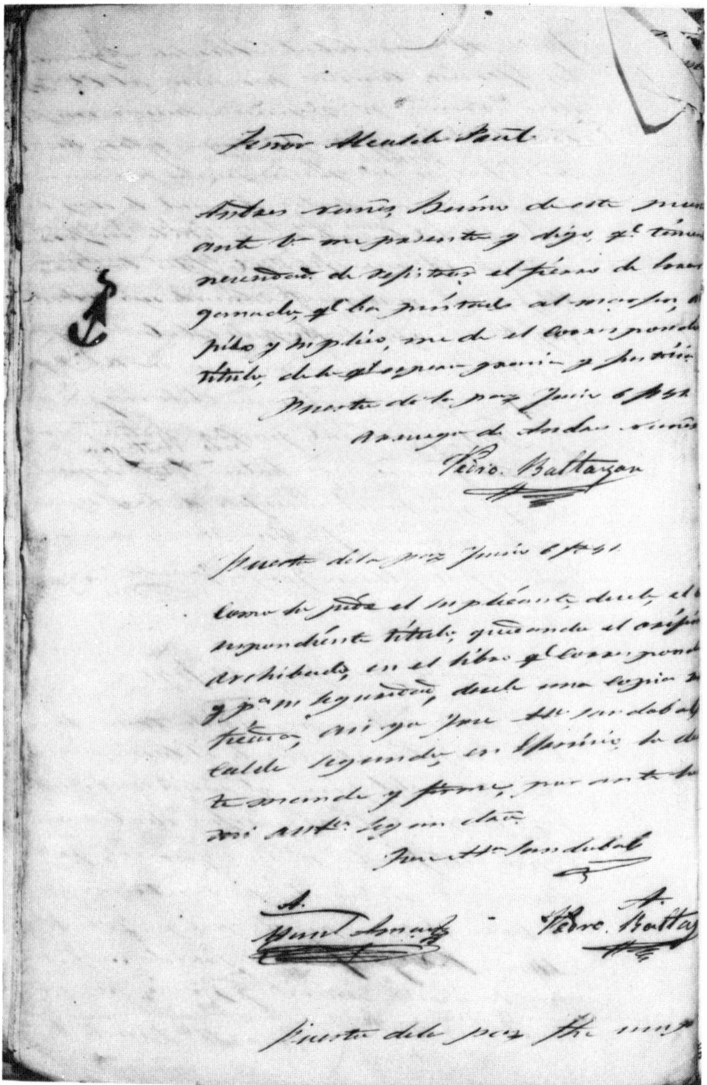

Registry of Andrés Núñez, 1851

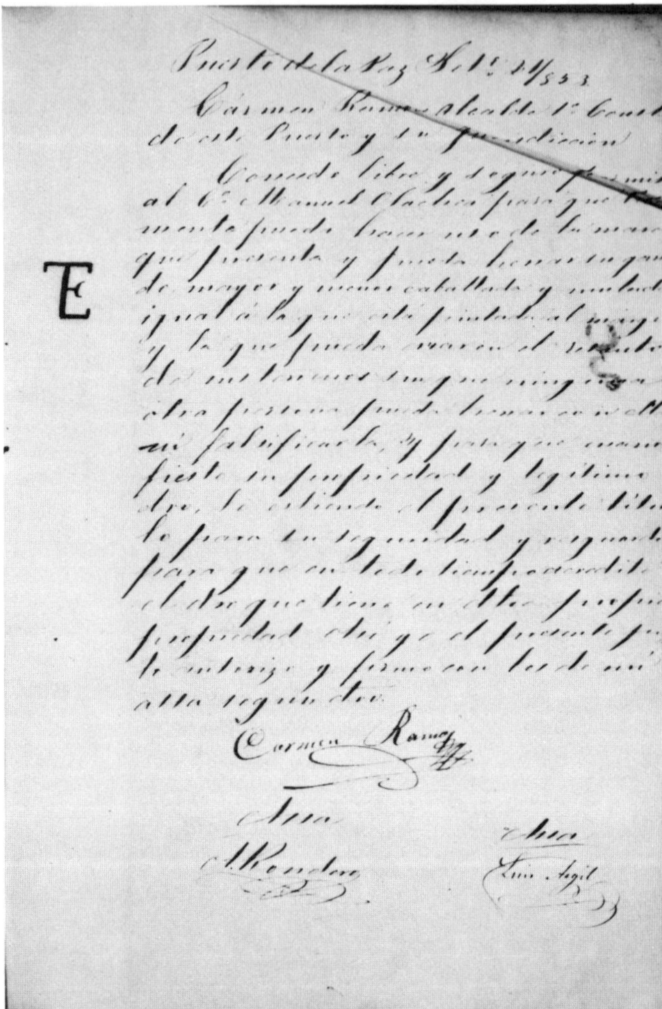

Registry of Manuel Olachea, 1853

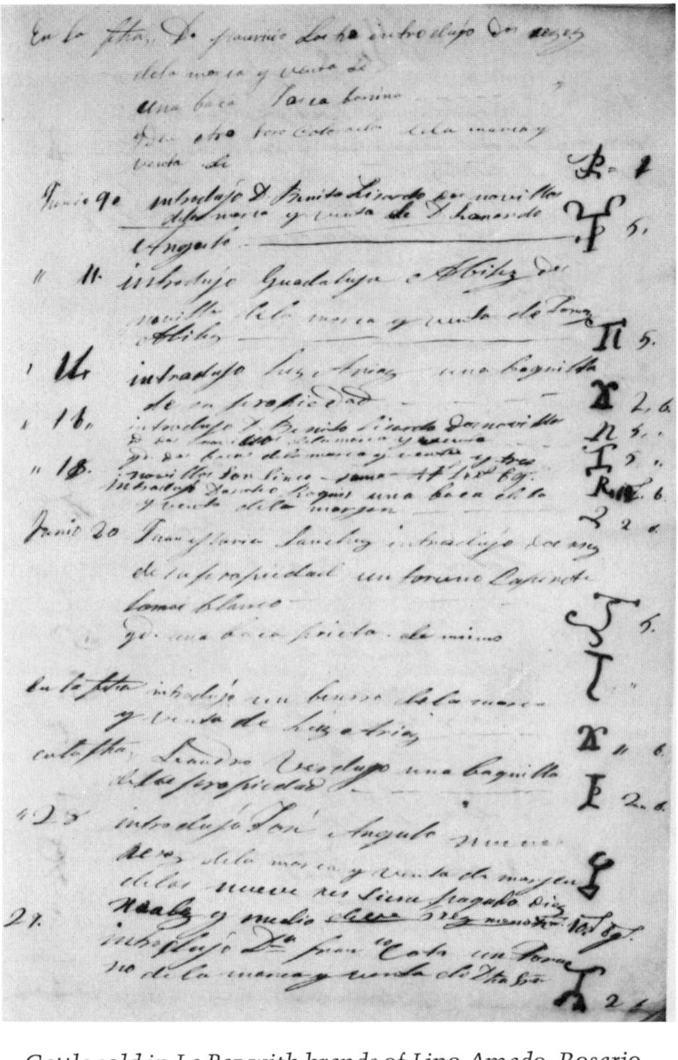

Cattle sold in La Paz with brands of Lino Amado, Rosario Escobar, Felipe Contreras, José María Sandoval, Luis Sandoval, Leonardo Angulo, Loreto Contreras, Luz Arias, Jesús Duarte, Mauricio Castro, Tomás Avilés, Benito Lizardi, Doroteo Roquín, Juan María Sánchez, Leandro Verdugo, José Angulo, Francisca Cota, 1853

Valadés, Secretario del Ayuntamiento (1881, 1884-1885); Juan José Encinas, Secretario del Ayuntamiento (1881); Manuel Hidalgo, Secretario del Ayuntamiento (1883); Maximiliano T. Valdovina, Secretario del Ayuntamiento (1883); Agustín Arriola, Secretario del Ayuntamiento (1883-1885); and Lino Ramírez, Secretario del Ayuntamiento (1885).

Documents I, V-IX are legal registries of brands devised, inherited or transferred by residents of the Municipio of La Paz; document IV is a compilation of brands registered between 1809 and 1861 in the Municipio of Comondú; documents II and III provide an inventory of the owners and sellers of cattle slaughtered in La Paz in 1853, 1855 and 1856 along with the number of animals sold and their brands. These two registries, the only ones extant dated prior to 1900, provided a record in the event of rustling, for the holder of each brand is listed, as is the seller if different from the brand holder. It should be noted that the holder of a brand was not necessarily a rancher, but was in some cases a livestock dealer. Also of interest is the number of women holding brands as well as title to land.

These brands reproduced herein represent two of the oldest activities in the Hispanic world, cattle raising and iron working. Many of the brands are extraordinarily intricate and original, reflecting but minute differentiation. Only a few brands represent the initials of the holder, but rather the majority are symbolic marking devices.

W. Michael Mathes
University of San Francisco

Esbozo Histórico de la Ganadería en Baja California Sur 1535-1853

TAL COMO las demás regiones de las Américas, no existía el ganado nativo antes de la llegada de los europeos a la Baja California. El intento de Hernán Cortés en colonizar la región de La Paz en 1535 también señala la primera introducción del ganado a la península ya que en varias ocasiones los cronistas de este gran acontecimiento así como el mismo conquistador en su correspondencia hacen mención de la posesión de caballos, ovejas y cerdos por los colonos españoles.[1] No obstante los esfuerzos de Cortés, la colonia establecida en La Paz no prosperó y con toda probabilidad el ganado que sobrevivía fue devuelto a Nueva España al abandonar la colonia en 1536.

El segundo intento de poblar la región de La Paz fue llevado a cabo por Sebastián Vizcaíno en 1596 y también se fracasó. La documentación de esta expedición también indica la introducción de caballos así como un número no determinado de reses para el abastecimiento de carne a los colonos; estos animales probablemente fueron matados o también devueltos a Nueva España al abandonar la colonia cuatro meses después de su fundación.[2]

En general los navegantes del siglo XVII llevaron una cantidad limitada de ganado en sus navíos para proveer los tripulantes con carne fresca. Este fue el caso con la mayoría de las empresas destinadas a la pesca de perlas en el Golfo de California entre 1615 y 1668 aunque estos animales normalmente se limitaron a gallinas, ovejas, cerdos y cabras y no incluyeron el ganado mayor. A pesar de que las concesiones para la pesca de perlas en el golfo usualmente obligaron a los concesionarios efectuar la colonización de la península y como parte de ésta introducir el ganado y cultivo necesario, estas obligaciones no se cumplieron.[3]

La incapacidad de empresarios particulares de establecer una colonia permanente en Baja California entre 1535 y 1668 dio lugar a un cambio en el método de colonización empleado por la monarquía española en 1679, creando un campo de evangelización en la península bajo la jurisdicción de la Compañía de Jesús. Para iniciar esta nueva política, en 1683 el almirante Isidro de Atondo y Antillón y los padres jesuitas Eusebio Francisco Kino, Matías Goñi y Juan Bautista Copart establecieron la misión de San Bruno en la costa del golfo unos 20 kilómetros al norte de Loreto. Según los memoriales de Atondo y Kino un total de 187 caballos y mulas fueron traídos de Sinaloa entre 1683 y 1685 y, a pesar de las pérdidas reportadas estas no eran suficientes para reducir grandemente la cantidad de ganado caballar y por ello probablemente algunos de estos animales se quedaron atrás con el abandono de San Bruno en mayo de 1685.[4]

Aunque no existe ninguna prueba concreta de la soltura o huída de ganado en Baja California antes de la fundación de la primera misión permanente en Loreto, es lógico suponer que todo el ganado no se mataron o devolvieron a Nueva España durante los 167 años del contacto europeo con la península. Esta levanta la cuestión de la temprana existencia de ganado silvestre en la península pero considerando la voracidad de los indígenas quienes, faltando comprensión de su domesticidad, tendían a matar cualquier animal no guardado por los españoles así como la aspereza y aridez de la tierra tal supervivencia es dudosa.[5]

Con el establecimiento de la misión de Loreto, la introducción de caballos, mulas, burros y reses, juntos con ovejas, cabras y cerdos, se intensificó. En octubre de 1697 el padre Juan María de Salvatierra trajo consigo 30 reses y 1 caballo para la fundación de la misión y en el verano de 1698 recibió de Sinaloa 8 vacas, 6 yeguas y un número no determinado de caballos y capones.[6] Esta manada inicial se aumentó grandemente con la llegada de 200 reses y 170 caballos donados por las misiones de Oposura, Ures, Cucurupe, Mátape, Guepaca y Arispe en Sonora todas bajo la presidencia del padre Kino quien, a pesar de sus preocupaciones en esta región mantuvo gran interés en el desarrollo de las misiones californianas. Tal colaboración continuó durante los años sucesivos y en 1703 el padre Juan de Ugarte volvió a Loreto desde Guaymas con caballos, mulas, vacas y ovejas.[7]

Aunque los datos reflejando la expansión de la ganadería durante la época jesuita son escasos, es evidente que, a pesar de las pérdidas debidas a ataques por los indígenas y gatos monteses y los años de sequía, un número suficiente de ganado mayor sobrevivió y multiplicó en Baja California Sur para permitir la distribución de pequeñas manadas a cada una de las misiones nuevamente establecidas. Para la fundación de Nuestra Señora del Pilar de La Paz en 1720 el padre Clemente Guillén condujo 18 caballos y mulas desde San Juan Malibat-Ligüí y en 1730 el padre Juan Bautista Luyando reportó que su misión de Santa Rosalía de Mulegé poseía 319 reses y 140 caballos y mulas.[8] Nos proporciona más datos el padre Wenceslaus Linck, quien, en 1763, acusó recibo de 650 reses y 80 yeguas, donadas por las misiones del sur para la fundación de San Francisco Borja, así comprobando la abundancia de ganado mayor en la península.[9]

No existe documentación que indica que los jesuitas herraron su ganado y aunque la costumbre es antigua dentro del mundo hispánico, era inecesaria en Baja California durante la mayoría de la época jesuita ya que antes de 1748 todo el ganado perteneció a la Compañía y era mudado constantemente de misión a misión para aumentar o disminuir las manadas según la abundancia de agua y pasto. Sin embargo, con la concesión de las minas de plata del Real de Santa Ana a Manuel de Ocio en aquel año, con toda probabilidad se inició la práctica de marcar para distinguir entre el ganado de Ocio y él de las misiones de La Paz, Santiago y Todos Santos.[10] Si el caso era tal, es dudoso que éste era universal considerando los muchos conflictos entre los misioneros y Ocio sobre la posesión de ganado.

La expulsión de los jesuitas y la ocupación de sus misiones por los franciscanos en 1768 nos proporciona datos más detallados sobre el ganado en las misiones sudcalifornianas por medio de inventarios, pero poca documentación tocante a las empresas ganaderas civiles ha salido a luz. No obstante, existe documentación que muestra que numerosas concesiones de ranchos fueron otorgadas por el Visitador General José de Gálvez durante su estancia en Baja California Sur en 1768 y que se dearrolló extensivamente la industria ganadera civil durante las últimas décadas del siglo XVIII. Este desarollo precisaba el establecimiento de métodos para determinar la posesión del ganado mayor pero no se decretó ningún reglamento específico en esta materia hasta el 14 de marzo de 1775 cuando el gobernador Felipe de Neve mandó que se herraran todo el ganado dentro de cuatro meses, considerando los que no se encontraron marcados dentro de dicha plaza cimarrones y a disposición de la población indígena o para el abastecimiento de los presidios de Loreto, San Diego y Monterey. No obstante este mandamiento se conoce muy poca mención del empleo de marcas durante la colonia y parece que en gran parte los rancheros no hicieron caso de esta ley.[11]

Los inventarios franciscanos nos indican que La Paz mantuvo 3 vacas con sus terneros, 2 novillas grandes, 1 toro bravo, un número no especificado de reses silvestres, 6 bueyes, 5 caballos y 3 mulas en 1770,[12] y al extremo sur de la península en 1772 la misión de Todos Santos poseía 400 reses, 100 yeguas, 40 caballos y 70 mulas y la de Santiago de los Coras sólo tenía una manada de ganado silvestre.[13]

Estas menciones de ganado silvestre no se limitaban a las misiones de La Paz y Santiago, y en 1772 se recibieron semejantes reportes de Loreto, San José de Comondú y Santa Rosalía de Mulegé.[14] La existencia de este ganado silvestre en los últimos años del siglo XVIII se debe al declinar de la población indígena y que ésta

Chinampo cattle, Baja California Sur. Photo by Dr. Aurelio Martínez Balboa

se acostumbraba al concepto de la domesticidad de animales, la adaptación del ganado a las zonas áridas donde en lugar de pastorear se alimentaban del mesquite, los arbustos y los cactus, y la necesidad de recorrer el paisaje en busca de forraje. Este granado silvestre o semi-silvestre llamado Chinampo permanece en grandes números en Baja California Sur comprendiendo la mayoría de las manadas alejadas de los centros de población. Fuerte, capaz de sobrevivir dos o tres días sin agua y alimentado por el forraje, el Chinampo se considera el descendiente más puro de las reses españoles en las Américas.[15]

La última etapa de la evangelización en Baja California, la de los dominicos entre 1744 y 1845 nos proporciona más datos sobre el número de cabezas de ganado mayor en el sur de la península aunque tales datos relacionados con el aumento de las manadas particullares permanecen desconocidos. Durante los últimos años del siglo XVIII las misiones meridionales se inventariaron su ganado en la forma siguiente:[16]

San José del Cabo:		1778	1782	1800
Reses		302	535	388
Mulas		14	68	1
Caballos		239	163	546
Santiago de los Coras:		1778	1782	1794
Reses		140	280	600
Mulas		19	—	—
Caballos		—	92	250
Todos Santos:	1778	1782	1793	1800
Reses	1701	888	—	729
Mulas	64	113	—	125
Caballos	338	462	751	390

Las causas de los cambios en estas cifras se ignoran aunque la natualeza de las manadas semi-silvestres imposibilitó la preparacíon de inventarios exactos.

La concesión de terrenos para el establecimiento de ranchos ganaderos particulares aumentó considerablemente en el siglo XIX y los rancheros de las regiones de Loreto, Comondú, La Paz, Todos Santos, San Antonio y San José del Cabo multiplicaron sus manadas aunque desgraciadamente no gozamos de cifras exactas. Estas manadas particulares se expandieron aún más con la secularización de misiones entre 1769 y 1833, procedimiento que abrió los terrenos pertenecientes a las misiones y su ganado a la posesión particular. Sin embargo, los métodos de la industria ganadera no cambiaron y grandes cantidades de ganado semi-silvestre forrajeaban libremente sobre los amplios terrenos baldíos de la región. Tan común era esta práctica que, al fin de la década de 1830-1840 se vieron grandes manadas de reses y caballos silvestres al norte de La Paz en los Llanos de Hiray y Llanos de Magdalena.[17]

La presencia de estas manadas grandes de ganado silvestre y la evidente importancia de la ganadería como base económica para Baja California Sur resultó en la publicación de un bando en 1838 por el Jefe Político Luis de Castillo Negrete ordenando rodeos generales y el establicimiento de manadas controladas.[18] Como resultado de este reglamento la necesidad de herrar el ganado fue aún más importante para establecer la posesión y evitar el robo y, como se ve de los regístros que publicamos aquí, a mediados del siglo se practicaba universalmente en el distrito de La Paz. Durante la segunda mitad de siglo XIX, a pesar de la aspereza y aridez de la zona, Baja California Sur alcanzó importancia como una región ganadera conocida por la alta calidad de los cueros y la talabartería, una industria que hasta recientemente ha sido básica en el desarrollo de La Paz. Aunque durante los últimos años el curtimiento ha sido reemplazado por otras industrias, la ganadería permanece como una de las bases de la economía sudcaliforniana con la introducción de las razas Cebu y Hereford para producir un animal de carne de alta calidad.

Las marcas que reproducimos aquí se encuentran en

los siguientes documentos depositados en el Archivo Histórico de Baja California Sur Pablo L. Martínez, La Paz:

I.—No. 25, Años de 1842 a 1853, Municipalidad de La Paz: Regístro de fierros para herrar vestias y ganado vacuno; Contiene este expediente Noticia de los fierros que este municipio ha consedido usen varios vecinos de esta municipalidad para marcar sus animales. Los oficiales confirmando los regístros fueron los siguientes: Antonio Ruffo, Juez de Primera Instancia (1842); Francisco Villegas, Alcalde (1848); Antonio Ramírez, Alcalde (1848); Juan José Encinas, Alcalde Primero (1849); Carmen Ramos, Alcalde Primero (1850, 1853); Cristóbal Saucedo, Juez de Segunda Instancia (1850); José María Sandoval, Alcalde Segundo (1851); Francisco Graña, Regidor (1851); José Angulo, Alcalde Primero (1852); y Justo Cota, Juez de Primera Instancia (1852). Algunos de estos oficiales también eran poseedores de marcas.

II.—Ayuntamiento de La Paz, Archivo 1853, Ramo de Abasto Expediente Núm. 5: Regístro del ganado que se introdujo este año para consumo de la población.

III.—Ayuntamiento de La Paz, Archivo 1856, Ramo de Abasto, Expediente Núm. 4: Regístro de la reses que se introdujeron en los años de 1855 y 56 para consumo de la población.

IV.—Cuaderno para asentar los regístros de fierros que se han autorizado en el presente año de 1855. Los oficiales confirmando los regístros fueron los siguientes: Manual Amao, Juez de Primera Instancia (1855-1857); Carmen Ramos, Juez de Primera Instancia (1857); Justo Cota, Juez de Primera Instancia (1857);

Ramón Navarro, Juez de Primera Instancia (1854, 1857-1858); Tomás Balareso, Juez de Primera Instancia (1859); y Pablo Pozo, Juez de Primera Instancia (1859-1860).

V.—Comondú 1861; Yndice de los fierros consedidos por esta Municipalidad para herrar bienes de campo. Certificado por Loreto Verdugo, Presidente de Ayuntamiento.

VI.—Archivo, Ayuntamiento de la Municipalidad de La Paz: Solicitudes de fierros, Años 1867 y 1869. Confirmados por Jesús Ríos, Secretario de Ayuntamiento.

VII.—Año de 1871, Libro en que constan las solicitudes de marcas y señales de herrar los animales de los vecinos de este municipio correspondientes al presente año. Confirmados por Jesús Ríos, Secretario del Ayuntamiento.

VIII.—Número 46½, 1871: Regístro de Fierros. Confirmados por Jesús Ríos, Secretario del Ayuntamiento.

IX.—Archivo del Ayuntamiento de la Municipalidad de La Paz, Ramo Solicitudes de Fierros, 1872-1885-1884. Los oficiales confirmando los regístros fueron los siguientes: Jesús Ríos, Secretario del Ayuntamiento (1869-1872); Tranquilino Villarino, Juez del Regístro Civil (1869); Adrían Valadés, Secretario del Ayuntamiento (1881, 1884-1885); Juan José Encinas, Secretario del Ayuntamiento (1881); Manuel Hidalgo, Secretario del Ayuntamiento (1883); Maximiliano T. Valdovina, Secretario del Ayuntamiento (1883); Agustín Arriola, Secretario del Ayuntamiento (1883-1885); and Lino Ramírez, Secretario del Ayuntamiento (1885).

Los documentos I, V-IX son regístros legales de las marcas inventadas, heredadas o trasladadas por residentes del Municipio de La Paz; el documento IV es una recopilación de las marcas registradas entre 1809 y 1861 en el Municipio de Comondú; los documentos II y III son nóminas de los dueños y vendedores del ganado sacrificado en La Paz en 1853, 1855 y 1856 junto con el número de los animales vendidos y sus marcas. Estos regístros, los únicos conocidos con fechas anteriores a 1900, evitaron la venta de ganado robado ya que proporcionan el nombre del dueño de la marca así como también él del vendedor si fuera distinto.

Hay que tomar en cuenta que el poseedor de una marca no era necesariamente ranchero sino en algunos casos fue agente vendedor. Además es de interés el número de mujeres que tenían marcas y terrenos.

Las marcas aquí reproducidas representan dos de las actividades más antiguas del mundo hispánico, la ganadería y la forjadura de hierro. Muchas marcas son extraordinariamente complicadas y originales en su diseño reflejando diferencias minuciosas y solamente unas pocas representan los iniciales del dueño, siendo la mayoría simbólicas.

W. Michael Mathes
Archivo Histórico de Baja California Sur
Pablo L. Martinez, La Paz

NOTES

1. W. Michael Mathes, ed. *The Conquistador in California, 1535*. Baja California Travels Series, 31. (Los Angeles: Dawson's Book Shop, 1973), *passim*.

2. W. Michael Mathes, ed. *Californiana I: Documentos para la historia de la demarcación comercial de California, 1583-1632*. (2 v. Madrid: Ediciones José Porrúa Turanzas, 1965), documentos 27, 29.

2. W. Michael Mathes, ed. *Californiana I: Documentos para la historia de la explotación comercial de California, 1611-1679*. (2 v. Madrid: Ediciones José Porrúa Turanzas, 1970), documentos 32, 46, 119, 132.

4. W. Michael Mathes, ed. *Californiana III: Documentos para la historia de la transformación colonizadora de California, 1679-1686*. (3 v. Madrid: Ediciones José Porrúa Turanzas, 1974), documentos 16, 25, 29.

5. Juan Jacobo Baegert. *Noticias de la Península Americana de California*. (México: José Porrúa e Hijos, 1942), 89-96; Sigismundo Taraval. *The Indian Uprising in Lower California*. (Los Angeles: The Quivira Society, 1931), 130, 139, 222; Ernest J. Burrus, ed. *Juan María de Salvatierra, S.J.* Baja California Travels Series, 25. (Los Angeles: Dawson's Book Shop, 1971), 112, 165, 170.

6. Peter Masten Dunne. *Black Robes in Lower California*. (Berkeley: University of California Press, 1952), 47, 57, 77, 109, 117, 186.

7. *Ibid*; Francisco Javier Clavijero. *The History of Lower California*. (Stanford: Stanford University Press, 1937), 78, 84, 156, 190; Zephryn Englehardt. *The Missions and Missionaries of California*. (Santa Barbara: Mission Santa Barbara, 1929), I, 137.

8. Dunne, *op. cit.*, 117, 186.

9. Ernest J. Burrus, ed. *Wenceslaus Linck's Diary of His 1766 Expedition*. Baja California Travels Series, 5. (Los Angeles: Dawson's Book Shop, 1966), 20.

10. Pablo L. Martínez. *Historia de Baja California.* (México: Editorial Baja California, 1960), 232, states that Ocio annually "branded" no less than 400 calves. Baegert, *op. cit.*, 181, writing after the civil settlement of the peninsula, mentions the branding and earmarking of calves, but gives no specific data.

11. Decree of Felipe de Neve, Loreto, 14 March 1775. Archivo General de la Nación, México, Californias, 13. License to José Antonio Velasco to make and use a brand issued by Francisco de Aguiar y Manzano, Real de Santa Ana, 4 March 1781. Archivo Histórico de Baja California Sur Pablo L. Martínez, La Paz, legajo 9. A brand for Espinosa was established; Aguiar was without a registered brand, and thirty new brands were registered in 1785. José Joaquín de Arrillaga to Cabo Luis López at Real de Santa Ana, Loreto, 23 June 1785. Salvador Castro was granted a brand in 1795. Javier Aguilar to José Joaquín de Arrillaga at Loreto, Real de Santa Ana, 5 January 1795. Archivo Histórico de Baja California Sur Pablo L. Martínez, legajo 1.

12. *Contribución para la Historia de la Baja California.* (La Paz: Gobierno del Distrito Sur de la Baja California, 1928), 77-80.

13. Englehardt, *op. cit.*, I, 462-490.

14. *Ibid; Contribución para la Historia de la Baja California,* 13.

15. John E. Rouse. *Cattle of North America.* (Norman: University of Oklahoma Press, 1973), 234.

16. Ulises Urbano Lassépas. *De la Colonización de la Baja California.* (México: Vicente García Torres, 1859), 98-1c2; Englehardt, *op. cit.*, I, 588-598.

17. Philip O. Gericke, ed. *Historical Notes on Lower California by Manuel C. Rojo.* Baja California Travels Series, 26. (Los Angeles: Dawson's Book Shop, 1972). 108.

18. *Ibid.*

Chinampo cattle, Baja California Sur. Photo by Dr. Aurelio Martínez Balboa

Registry of Brands
Regístro de Marcas
Baja California Sur

1809-1885

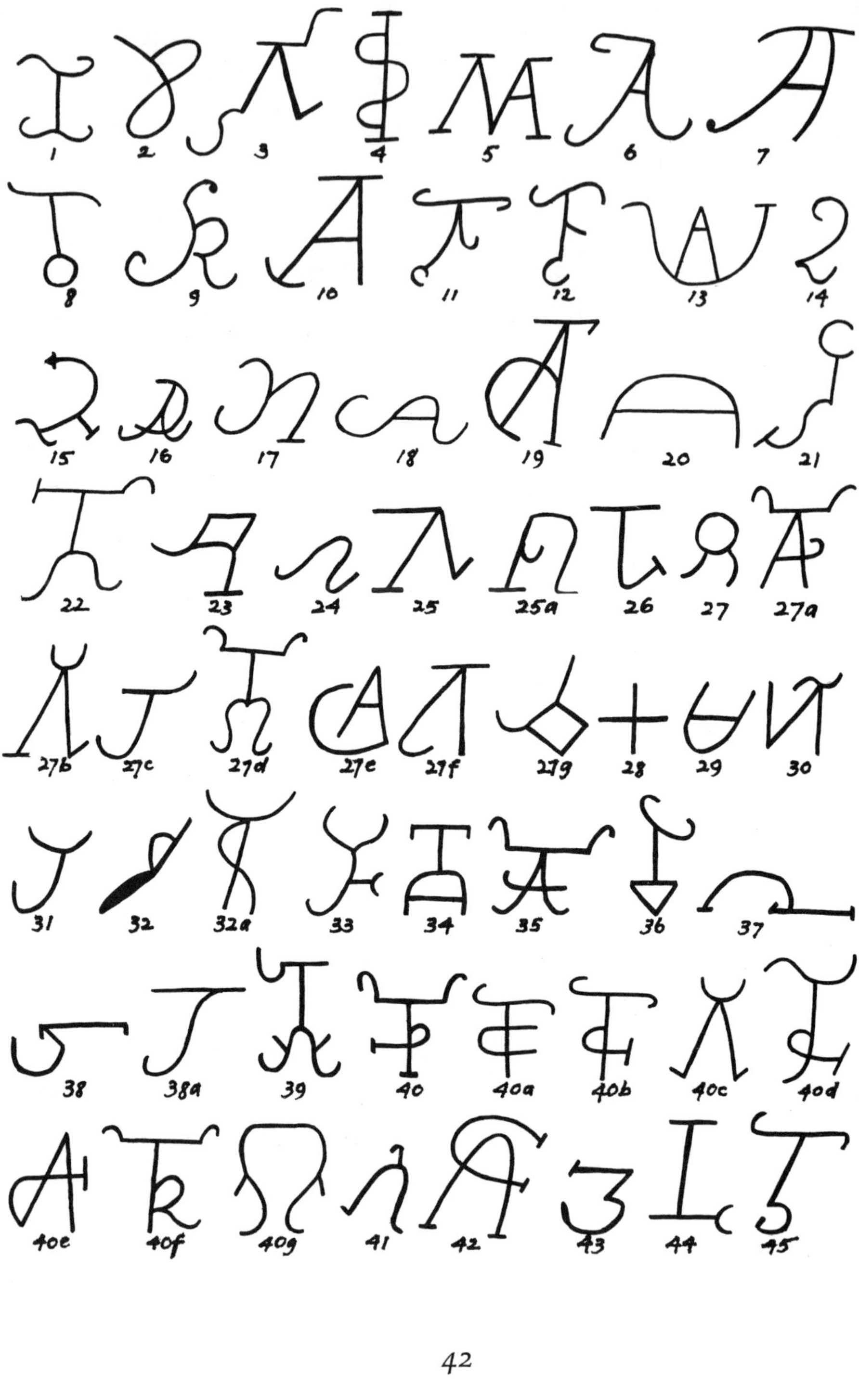
1 2 3 4 5 6 7
8 9 10 11 12 13 14
15 16 17 18 19 20 21
22 23 24 25 25a 26 27 27a
27b 27c 27d 27e 27f 27g 28 29 30
31 32 32a 33 34 35 36 37
38 38a 39 40 40a 40b 40c 40d
40e 40f 40g 41 42 43 44 45

NAME	BRAND[a]	RANCH[b]	DISTRICT	DATE OF GRANT
Abragada, José	1 (II)			
Acevedo, Julián	2 (V) (1824)		Comondú	
Acuña, Cristóbal	3,4 (IV) (1856)		La Paz	
Aguiar, Manuel	5 (V) (1843)		Comondú	
Aguiar, María de las Angustias	6 (V) (1845)		Comondú	
Aguilar, Fabián	7 (V) (1856)		Comondú	
Aguilar, Ignacio	8 (III)	Patrocinio (L)	Mulegé	1795
		Guadalupe (L)	Mulegé	1795
		El Ranchito (L)	San José	1807
		San Matías (L)	San José	1807
		Los Pocitos (L)	San José	1844
		El Pilón (L)	San José	1844
Aguilar, Juan	9 (V) (1848)		Comondú	
Aguilar, Juan Bautista	10 (V) (1851)		Comondú	
Agúndez, Felipe[1]	11,12 (III)			
Ajuque, Nicanor	13 (IV) (1857)		La Paz	
Alamea, Licaseas	14 (II)			
Albáñez, Honorato	15 (II)			
Albino	16 (II)			
Almenara, Juan	17 (VII) (1871)		La Paz	
Altamirano, Carmen	18 (IV) (1858)		La Paz	
Alvarado, Dolores	19 (V) (1853)		Comondú	
Alvarez, Justo	20 (III)	El Coyote (L)	La Paz	1823
		El Mechudo (L)	La Paz	1824
		Santa Gertrudis (L)	San José	1848
Amador, González	21,22 (III)	La Barrera (A)	Todos Santos	1812
		San José del Cajoncito (L)	Todos Santos	1856
Amado, Lino	23 (II)			
Amao, Manuel[2]	24,25 (II)	El Chivato (L)	La Paz	1826
	25a (III)			
Angulo[3]	26 (II)			
Angulo, Antonio	27 (II)			
	27a,b,c,d,e,f,g (III)			
Angulo, Felipe	28-32 (II) a (III)			
Angulo, Francisco M.	33 (IX) (1884)		La Paz	
Angulo, Gertrudis	34 (I) (1849)		La Paz	
Angulo, José	35-38 (II)	El Pozo de los		
	38a (III)	Coras (L) (A)	La Paz	1811
		Novilla (R)		
Angulo, Juana	39 (II)			
Angulo Leonardo	40 (II)	La Boca del		
	40a-g (II)	Carrizal (L)	San Antonio	1852
Aparicio Amao, José	41 (I) (1851)		La Paz	
Arce, Antonio	42 (V) (1847)		Comondú	
Arce, Benigna[4]	43 (I) (1851)		La Paz	
Arce, María de la Luz	44 (V) (1853)		Comondú	
Arce, Miguel	45 (V) (1834)		Comondú	

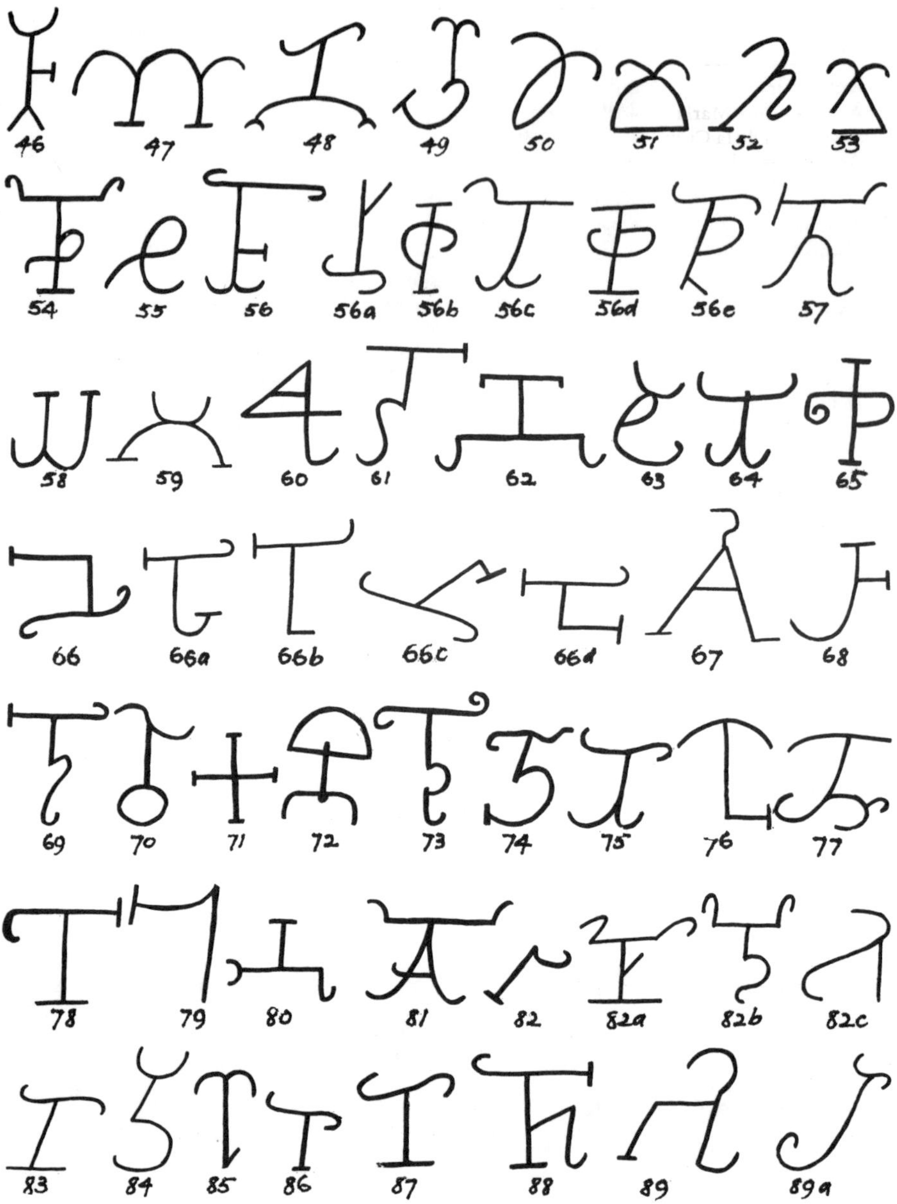
46 47 48 49 50 51 52 53
54 55 56 56a 56b 56c 56d 56e 57
58 59 60 61 62 63 64 65
66 66a 66b 66c 66d 67 68
69 70 71 72 73 74 75 76 77
78 79 80 81 82 82a 82b 82c
83 84 85 86 87 88 89 89a

NAME	BRAND[a]	RANCH[b]	DISTRICT	DATE OF GRANT
Arce, Pilar	46 (V) (1823)		Comondú	
Arechiga, José María	47 (IX) (1885)		La Paz	
Arias, Juan de la Cruz	48 (II)			
Arias, Leonardo	49 (II)			
Arias, Luis	50 (II)			
Arias, Luz[5]	51 (I) (1851)		La Paz	
	52-56 (II)			
	57 (III)			
Arias, Manuel	56a-e (III)			
Armenta, Dolores[6]	58 (II)			
Armenta, Pilar	59 (III)			
Avilés, and Calderón	60 (II)			
Avilés, Antonia	61 (VIII) (1869)	La Huerta	La Paz	
Avilés, Antonio[7]	62 (II)	El Potrero de San Venancio (L)	Todos Santos	1842
Avilés, Benito	63 (II)			
Avilés, Concepción	64 (II)			
Avilés, Dolores	65,66 (II)	La Huerta de Molino (L)	La Paz	1802
	66a-d (III)	Los Encinitos (L)	La Paz	1806
Avilés, Domingo	67 (III)			
Avilés, Doroteo	68 (IX) (1881)	La Huerta	La Paz	
Avilés, Felipe	69 (I) (1852)	La Matancita (L)	La Paz	1822
Avilés, Francisco	70-72 (II)			
Avilés, Jose	73 (I) (1850)		San José	
	74 (II)			
Avilés, Julián	75 (I) (1852)		La Paz	
Avilés, Lauerano	76 (VIII) (1869)	La Huerta	La Paz	
Avilés, Luciano	77 (IX) (1885)	Los Encinitos	La Paz	
Avilés, Lucio	78 (VIII) (1869)	La Huerta	La Paz	
Avilés, Pedro	79 (IX) (1885)	La Huerta	La Paz	
Avilés, Raimundo	80 (I) (1850)		La Paz	
Avilés, Santos	81 (I) (1852)		La Paz	
	82 (I) (1849)		La Paz	
	82a-c (III)			
Avilés, Saturnino	83,84 (III)			
Avilés, Severiano	85 (VIII) (1869)	La Huerta	La Paz	
Avilés, Tomás	86 (I) (1850)		La Paz	
	87-89 (II)			
	89a (III)			

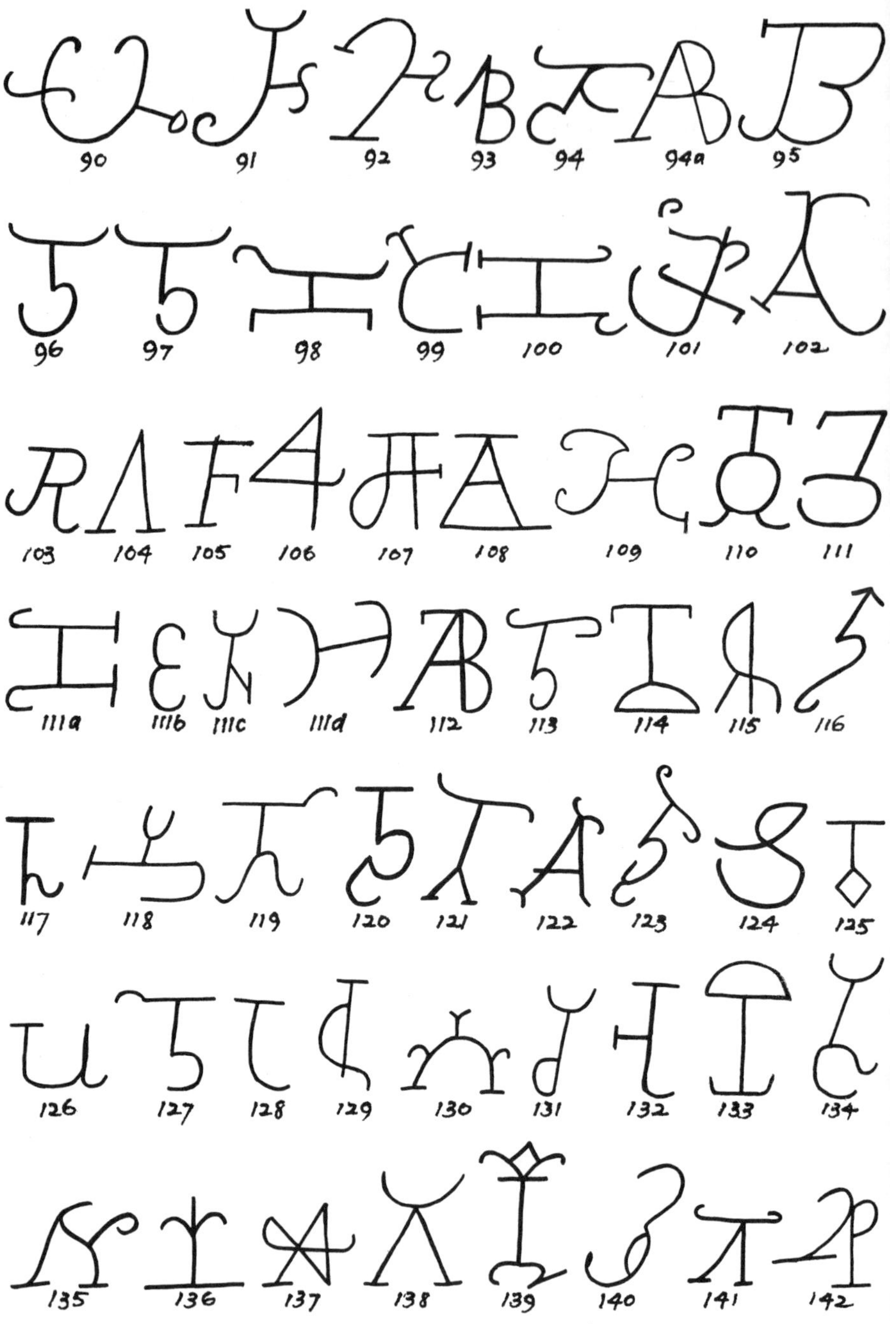
90 91 92 93 94 94a 95
96 97 98 99 100 101 102
103 104 105 106 107 108 109 110 111
111a 111b 111c 111d 112 113 114 115 116
117 118 119 120 121 122 123 124 125
126 127 128 129 130 131 132 133 134
135 136 137 138 139 140 141 142

NAME	BRAND[a]	RANCH[b]	DISTRICT	DATE OF GRANT
Baeza, Bernardo	90 (V) (1844)		Comondú	
Bastida, Gerardo	91 (V) (1856)		Comondú	
Bastida, Juan María	92 (V) (1823)		Comondú	
Belloc, Antonio[8]	93,94 (II) 94a (III)	Los Aripes (L)	La Paz	1817
Belloc, Ramona C.[9]	95 (IX) (1871)		La Paz	
Beltrán, Mauricio	96-101 (II)	Palmar de la Matancita (A)	Todos Santos	1823
Cabrera, Nicolás	102 (IX)		La Paz	
Cadena, Julián[10]	103 (II)			
Calderón, Antonio María	104,105 (III)			
Calderón, Francisco	106-108 (III)			
Calderón, Gregoria	109 (IV) (1858)		La Paz	
Calderón, Loreto	110,111 (II) 111a-d(III)			
Calderón Vda. de Belloc, Ramona	112(VIII) (1869)		La Paz	
Calderón, Salvador	113-115 (III)			
Camacho, Andrés	116 (I) (1851) 117 (II)		La Paz	
Camacho, Dionisio	118, 119 (III)			
Camacho, Ildefonso	120 (II)			
Camacho, José Antonio	121 (I) (1851)		La Paz	
Camacho, Leonis	122-124 (II)			
Canseco, Valerio	125, 126 (III)	El Encinal (L)	San José	1852
Cañedo, Antonio	127-134 (III)		Santiago	1820
Carballo, Raimundo	135, 136 (VIII) (1835, 1869)		Todos Santos	
Cariaga, Victoriano	137 (III)			
Carreón, Calixto	138 (III)			
Carrillo, Hilario	139, 140 (II)	(A)	Todos Santos	1768
Carrillo, J. María[11]	141 (II)	La Cantería (L)	San José	1823

143 144 145 146 147 148 149 150 151
152 153 154 155 156 157 158 159
160 161 162 163 164 165 166 167
168 168a 169 170 170a 170b 171 172
173 174 175 176 176a 176b 177 178
179 180 181 182 183 184 185 186 187
188 189 190 191 191a 192 193 194

NAME	BRAND[a]	RANCH[b]	DISTRICT	DATE OF GRANT
Carrillo, Salomé	142-149 (III)			
Castelo, Santa Anna	150 (II)			
Castillo, Bartolo	151-153 (II)			
Castillo, Doroteo	154 (V) (1885)		Comondú	
Castillo, Guadalupe	155-157 (III)			
Castillo, Remigio	158, 159 (III)			
Castillo, Sóstenes	160 (IX) (1885)		La Paz	
Castillo, Tomás	161 (II)			
Castro, Bautista	162 (II)			
Castro, Francisco	163-165 (III)			
Castro, José María	166-168 (II)	El Pajarito (L)	San José	1834
	168a (III)	La Boca de San Miguel (A)	San José	1819
Castro, Loreto	169 (II)			
Castro, Manuel	170 (I) (1849)	Los Tacos (L)	Todos Santos	1825
	170a,b (III)			
Castro, María de Jesús	171 (II)	San Simón (A)	San Antonio	1789
Castro, Salvador[12]	172 (II)			
Castro, Trinidad	173 (I) (1849)		La Paz	
	174-176 (II)			
	176a,b (III)			
Castro, Vicente	177-186(III)			
	187 (IV)		La Paz	
Castro, Victoriano	188-190 (III)			
Ceseña, Vicente[13]	191 (II)	El Encinal (L)	San José	1831
	191a (III)	San Nicolás (L)	San José	1851
Clarke, Richard H.	192 (VII) (1872)		La Paz	
Coche, Juan	193, 194 (II)			
Colín, Juan[14]	195 (II)	El Chinal (L)	San José	1819
		San Pedro (L)	San José	1819

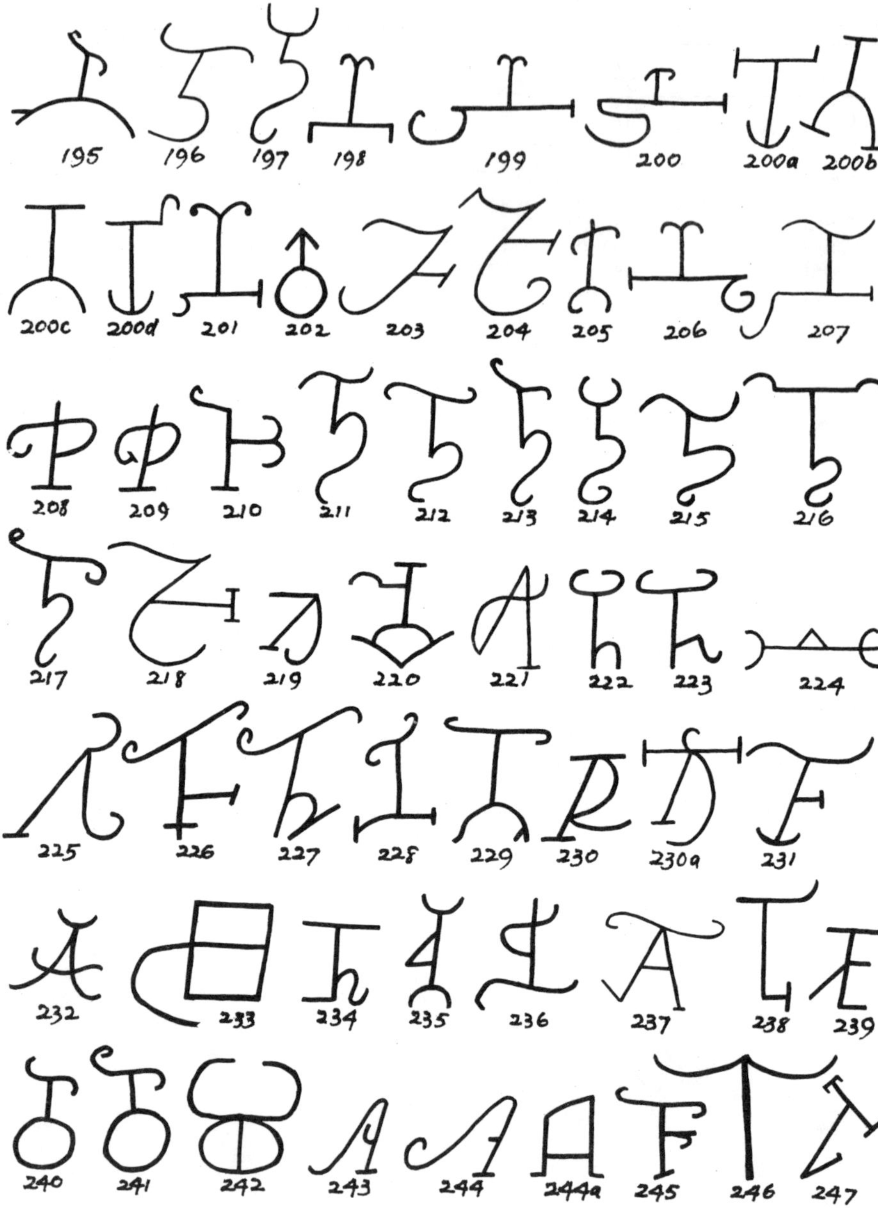
195 196 197 198 199 200 200a 200b
200c 200d 201 202 203 204 205 206 207
208 209 210 211 212 213 214 215 216
217 218 219 220 221 222 223 224
225 226 227 228 229 230 230a 231
232 233 234 235 236 237 238 239
240 241 242 243 244 244a 245 246 247

NAME	BRAND[a]	RANCH[b]	DISTRICT	DATE OF GRANT
Contreras, Antonio	196 (III)			
	197 (VI) (1869) (VIII) (1853, 1869)			
Contreras, Cornelio[15]	198-200 (II) 200a-d (III)	Nuestra Señora del Rosario (L)	La Paz	1826
		San Antonio (L)	La Paz	1832
		Las Lagunillas (L)	La Paz	1846
	201 (VIII) (1827, 1869)		San Antonio	
Contreras, Dolores	202 (VIII) (1869)		La Paz	
Contreras, Felipa	203,204 (VIII) (1856)		San Antonio	
Contreras, Felipe	205 (II)			
Contreras, Francisco	206 (II)		La Paz	
	207 (IV) (1856)			
Contreras, José María	208-210 (II)			
Contreras, Loreto[16]	211-213 (II)	San Antonio (L)	La Paz	1832
		Las Lagunillas (L)	La Paz	1846
		El Refugio		
	214 (I) (1853)		La Paz	
Contreras, María del Refugio	215 (VIII) (1869)	La Huerta	La Paz	
Contreras, Santiago	216,217 (II)			
Contreras de Talamantes, Felipa	218 (VI) (1869)		La Paz	
Cordero, Candelario	219, 220 (II)	Santa Bárbara (L)	San José	1851
Cosío, Francisco	221 (III)			
Cosío, Rufina	222, 223 (II)	La Casa Pintada (L)	San José	1815
Cota, Dolores	224 (III)			
Cota, Eligio	225 (V) (1850)		Comondú	
Cota, Francisca	226-228 (II)			
Cota, Francisco	229 (II)	San Venancio (L)	Todos Santos	1841
Cota, José[17]	230 (II)	San José del Rancho (L)	San Antonio	1831
	230a (III)	Covarrubias (L)	San Antonio	1824
		El Oro (L)	San Antonio	1846
Cota, Juan[18]	231 (II)			
Cota, Justo	232-236 (II)			
Cota, Manuel	237 (IV) (1854)		La Paz	
	238 (VIII) (1869)		La Paz	
Cota, Rosario	239, 240 (II)			
Cota, Serapio	241 (II)	La Ensenada de Palmas (L)	San Antonio	1813
		San Pablo (L)	San José	1813
		Cajón de los Chorros (A)	San José	1823
Cota, Simón	242 (IX) (1885)		La Paz	
Cota, Teresa	243 (I) (1851)		La Paz	
	244 (II)			
Cota, Vicente	244a, 245 (II)	La Trinchera		
	246 (IX) (1885)	Los Encinitos	La Paz	
Cruz, Francisco de la[19]	247 (II)	La Trinidad (L)	San José	

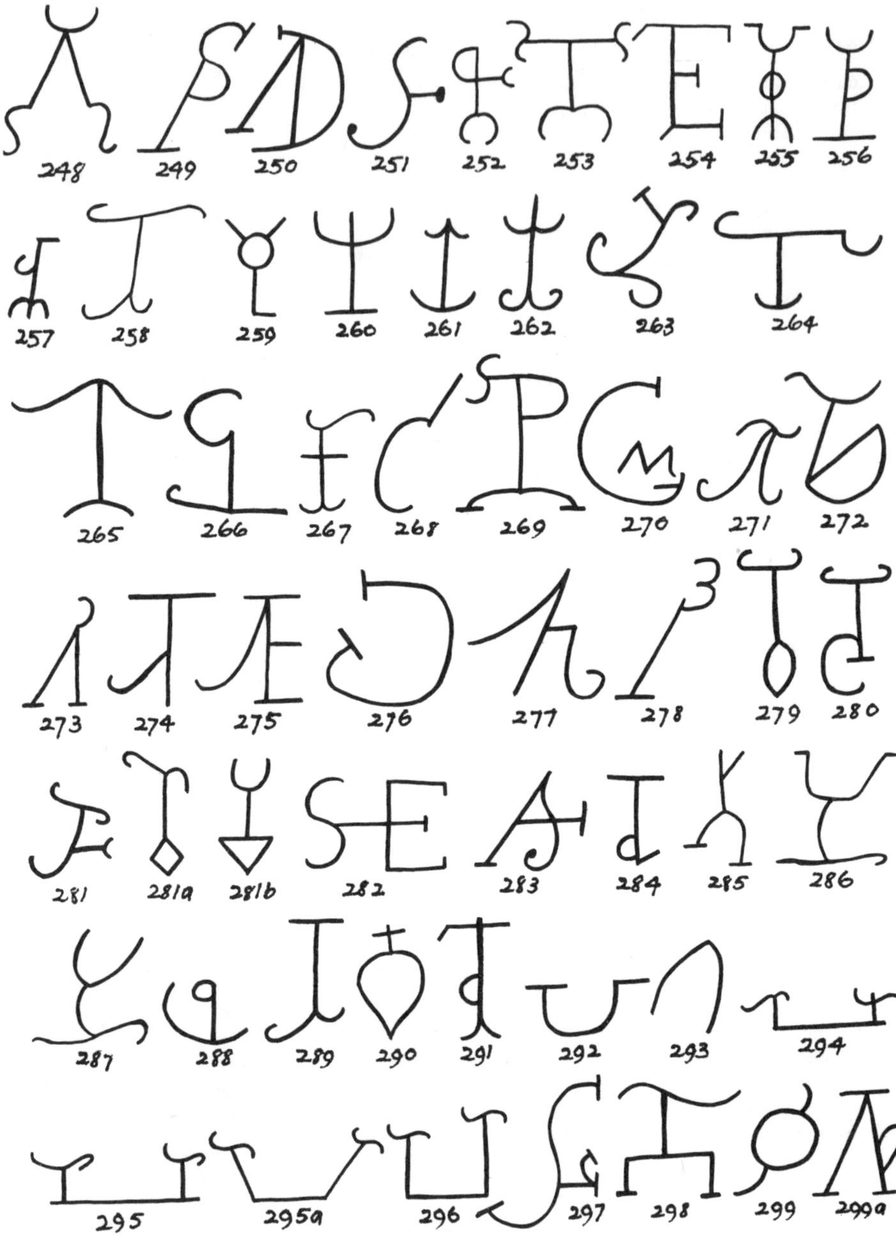
248 249 250 251 252 253 254 255 256
257 258 259 260 261 262 263 264
265 266 267 268 269 270 271 272
273 274 275 276 277 278 279 280
281 281a 281b 282 283 284 285 286
287 288 289 290 291 292 293 294
295 295a 296 297 298 299 299a

NAME	BRAND[a]	RANCH[b]	DISTRICT	DATE OF GRANT
Cuevas, Luis de	248 (V) (1839)		Comondú	
Davis, Pedro	249 (V) (1839)		Comondú	
Deras, Antonio	250, 251 (V) (1850)		Comondú	
Domínguez, Josefa	252, 253 (III)	El Saucito (L)	Todos Santos	1785
		Las Jícaras (L)	San Antonio	1807
		El Veladero (L)	Todos Santos	
		Las Palmas (L)	Todos Santos	
Duarte, Cruz	254, 255 (III)			
Duarte, Guadalupe	256 (VI) (1867)		La Paz	
Duarte, Jesús[20]	257 (II)			
Durazo de Cota, Concepción	258 (IV) (1859)		La Paz	
Escobar, Clodomiro	259 (VIII) (1869)		La Paz	
Escobar, Francisco	260 (VIII) (1869)		La Paz	
Escobar, R.	261 (II)			
Escobar, Rosaria[21]	262-264 (II)			
Escobar, Vicente	265 (IX) (1884)		La Paz	
Espinosa[22]	266 (II)			
Espinosa, Antonio	267 (III)			
Espinosa, Dolores	268 (IX) (1872)		La Paz	
Espinosa, Guadalupe	269 (IX) (1872)		La Paz	
Espinosa, Ignacio	270 (IX) (1872)		La Paz	
Espinosa, José María	271 (II)			
Espinosa, Lugarda	272 (VIII) (1869)		La Paz	
Espinosa, Luz	273 (III)			
Espinosa, María Ignacia	274 (VIII) (1816)		Loreto	
Estrada, Antonia	275 (IV) (1859)		La Paz	
Estrada, Benigno	276 (IX) (1884)		La Paz	
Estrada, Francisca	277 (V) (1853)		Comondú	
Estrada, Fructuoso	278 (V) (1848)		Comondú	
Estrada, Frutos	279-281 (II)	Las Gallinas (L;A)	San Antonio	1807
		El Molino (L)	San Antonio	1807
	281a,b (III)	El Saucito (L)	San José	1807
		El Palmar (L)	San Antonio	1856
Estrada de Castro, Salvadora	282 (VI; VIII) (1869)	La Paz		
Fernández, Antonio	283 (V) (1837)		Comondú	
Flores, Antonia	284 (II)			
Flores, Antonio	285 (III)	Arroyo de León (A)	San Antonio	1803
Flores, Antonio María	286,287 (IV) (1856)	El Tule	San Antonio	
Flores, Cecilia	288 (II)			
Flores, Doroteo	289 (II)			
Flores, Rosalía	290 (III)			
Flores, Saturnino	291 (II)	El Salto (L)	San Antonio	1770

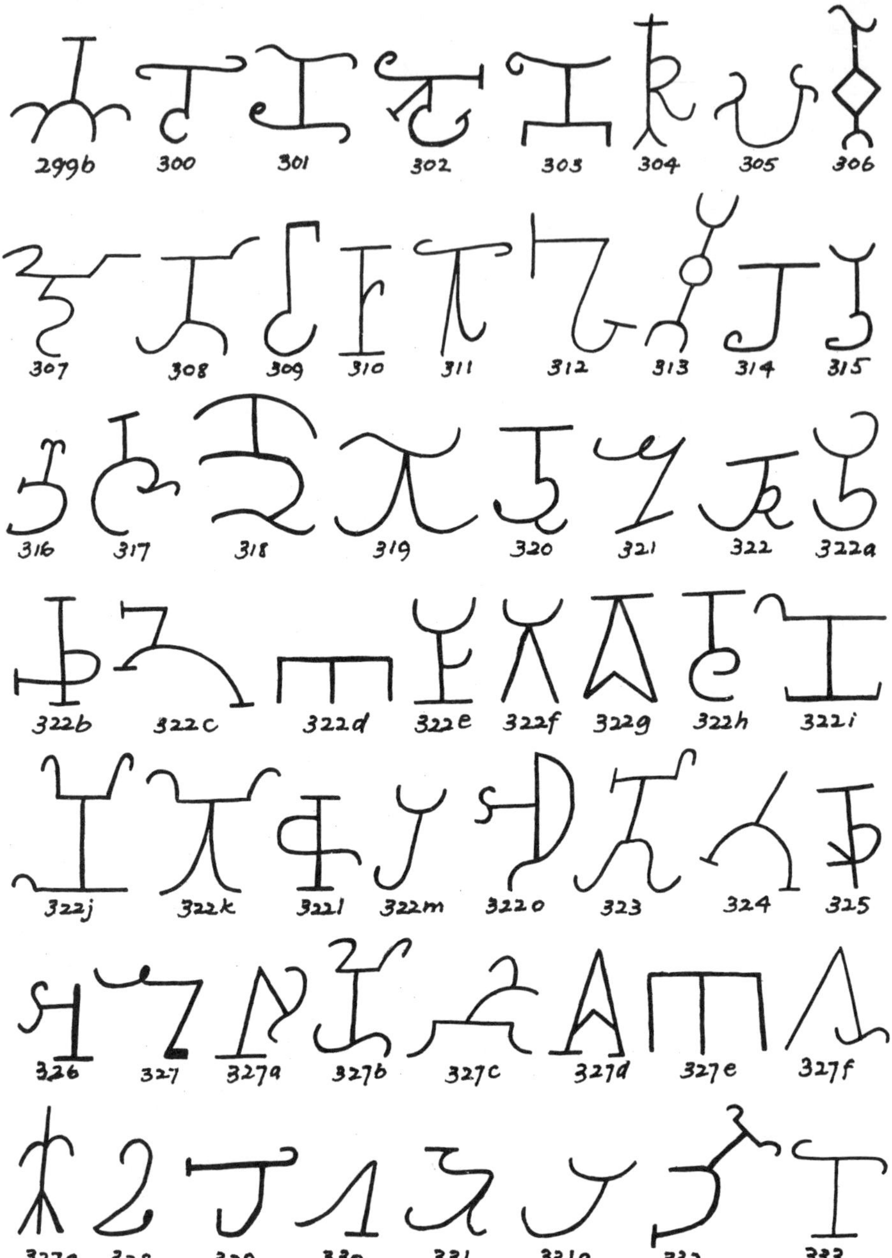
299b 300 301 302 303 304 305 306
307 308 309 310 311 312 313 314 315
316 317 318 319 320 321 322 322a
322b 322c 322d 322e 322f 322g 322h 322i
322j 322k 322l 322m 322o 323 324 325
326 327 327a 327b 327c 327d 327e 327f
327g 328 329 330 331 331a 332 333

NAME	BRAND[a]	RANCH[b]	DISTRICT	DATE OF GRANT
Ganelón, Juan Bautista[23]	292-295 (II)	El Palo de Santa Rita (L)	La Paz	
	295a (III)	Los Bledales (L)	La Paz	
	296 (VIII) (1840; 1869)		La Paz	
García, María Ignacia	297 (IX) (1885)		La Paz	
Gastelo, Vicente	298 (IX) (1872)		La Paz	
Gato (Féliz)	299 (II) 299a,b (III)			
Geraldo, Dolores[24]	300-303 (II)			
Geraldo, Domingo	304, 305 (III)			
Geraldo, José Dolores	306 (II)			
Geraldo, Loreto	307-313 (III)	San Blas (L)	San Antonio	1770
Gerardo, Luz[25]	314 (II)			
Gibert, Gerónimo[26]	315, 316 (II)	Los Dolores (R)		
Gómez de Aguiar, Victoriano	317 (II)			
Gómez de Domínguez, Mercedes	318 (IX) (1874)		La Paz	
Gómez de Tavares, Francisca	319 (VII) (1871)		La Paz	
González, Balvino	320 (II)			
González, Blas[27]	321 (II)	Las Sabanillas (L)	Todos Santos	1841
González, Clemente	322 (II) 322a-o (III)			
González, Ignacio	323, 324 (III)			
González, José	327 a-g (III)	San Ramón (L)	San José	1845
González, Loreto	325 (II)	San Antonio (R)		
	326, 327 (II)			
González, Luz	328 (II)			
González, Manuel	329-331 (II) 331a (III)			
González, María Josefa	332 (I) (1851)		La Paz	
González, Tomás	333, 334 (III)			

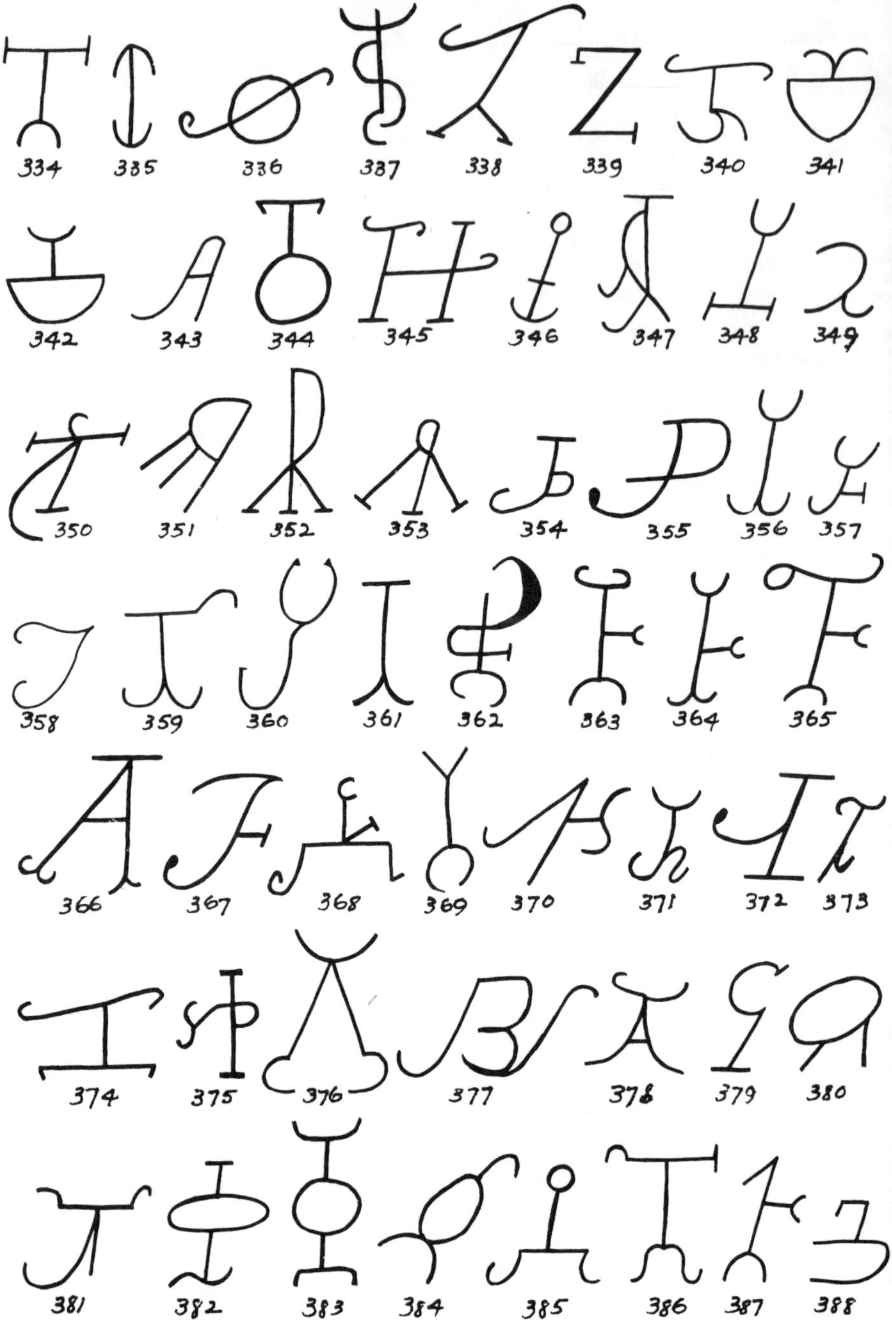

334 335 336 337 338 339 340 341
342 343 344 345 346 347 348 349
350 351 352 353 354 355 356 357
358 359 360 361 362 363 364 365
366 367 368 369 370 371 372 373
374 375 376 377 378 379 380
381 382 383 384 385 386 387 388

NAME	BRAND[a]	RANCH[b]	DISTRICT	DATE OF GRANT
Graciano, Rosario	335 (III)			
Guerra, Juan	336,337 (II)			
Hernández, Isabel	338 (IX) (1875)		La Paz	
Hernández, Manuel	339 (VI) (1868)		La Paz	
Heras, Manuel	340-343 (III)			
	344 (II)			
Higuera, Gregorio	345 (V) (1844)		Comondú	
Higuera, Martín	346 (V) (1844)		Comondú	
Iglesia, José	347, 348 (III)			
Jerez, José[28]	349-351 (II)	El Rosario (L)	La Paz	1817; 1825
		Vinoramas (L)	La Paz	
	352 (IX) (1869)		La Paz	
Jerez, Lupe	353 (II)			
Jordán, Pedro	354 (I) (1848)		La Paz	
	355 (VIII) (1869)		La Paz	
Labanillas, González	356 (III)			
Lara, Ramón	357-359 (III)	Los Charros (A)	San Antonio	1803
	360 (IV) (1860)		La Paz	
Larriñaga, Dolores	361 (V) (1851)		Comondú	
Larriñaga, Francisco	362 (V) (1851)		Comondú	
Larriñaga, Juan Bautista[29]	363 (II)	San Ignacio (L)	Comondú	1823
		Rancho Viejo (L)	Comondú	1843
		San Matías (L)	Comondú	1844
		Santo Domingo (L)	Comondú	1845
	364, 365 (V) (1851)		Comondú	
Larriñaga, Vicente	366 (V) (1855)		Comondú	
Larriñaga y Verdugo, Francisco	367 (V) (1860)		Comondú	
León, Antonio[30]	368 (II)			
León, Eugenio	369 (III)	Santa Cruz (L)	San José	1803
		La Boca del Alamo (L)	San Antonio	1832
León de Avilés, Rosario	370 (IX) (1885)		La Paz	
León Benavides, Santos	371 (II)	El Dátil (L)	San Antonio	1834
Linganue, Jesús	372 (V) (1852)		Comondú	
Lizardi, Benito	373 (I) (1851)		La Paz	
	374, 375 (II)			
	376 (IX) (1869)		La Paz	
	377 (IX) (1883)		La Paz	
Lucero, Francisco	378 (II)			
Lucero, Guadalupe	379 (V) (1832)		Comondú	
Lucero, Hermenegildo	380 (II)	Pozo del Colorado (L)	La Paz	1834
	381, 382 (IX) (1872)	La Paz		
Lucero, José Antonio	383 (II)	San Bernardo (A)	San José	1800
Lucero, Rosario	384 (I) (1849)		La Paz	
Lucero de Morales, Rosario	385 (VII) (1871)		La Paz	

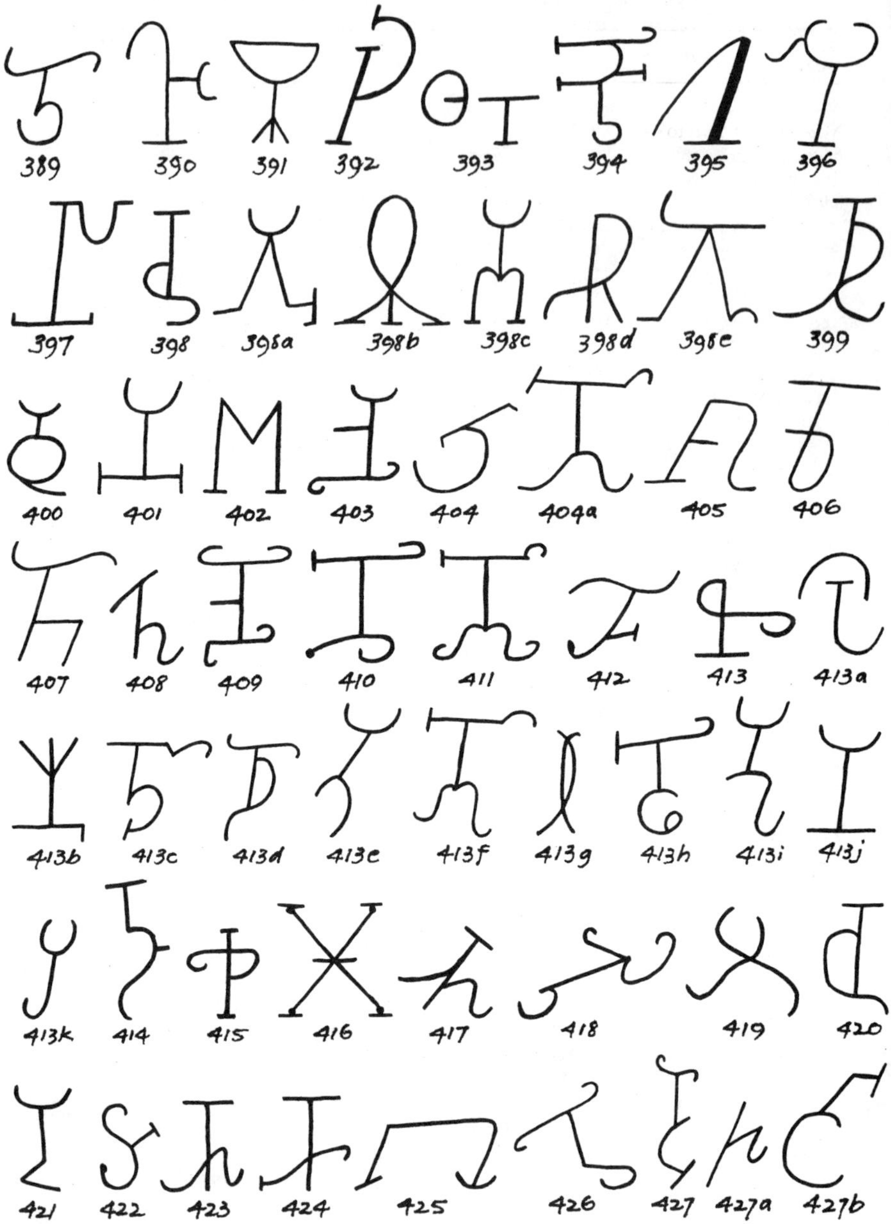
389 390 391 392 393 394 395 396
397 398 398a 398b 398c 398d 398e 399
400 401 402 403 404 404a 405 406
407 408 409 410 411 412 413 413a
413b 413c 413d 413e 413f 413g 413h 413i 413j
413k 414 415 416 417 418 419 420
421 422 423 424 425 426 427 427a 427b

NAME	BRAND[a]	RANCH[b]	DISTRICT	DATE OF GRANT
Manrrique, José	386-391 (III)			
Manrríquez, Loreto	392 (V) (1819)		Comondú	
Manrríquez, Pilar	393, 394 (II)			
Mansilla, Epistema N. de	395 (VI) (1867)		La Paz	
Márquez, José María	396 (III)			
Marta, Señora	397 (V) (1847)		Comondú	
Martínez, Antonio	398 (II) 398 a-e (III)			
Martínez, Benita	399 (VIII) (1862)		La Paz	
Martínez, Capitán	400 (II)			
Martínez, Demitrio	401, 402 (III)			
Martínez, Dolores	403 (II)			
Martínez, Jacinto	404 (II), 404a (III)	La Tescalama (L)	San Antonio	1807
Martínez, Jorge	405-407 (III)			
Martínez, José	408-413 (II)			
	413a-k (III)	La Huerta	La Paz	
	414 (VIII) (1869)			
Martínez, José María	415 (II)			
Martínez, Loreta	416 (IV) (1858)		La Paz	
Martínez, María	417-419 (II)			
Martínez, Miguel	420 (III)			
Martínez, Nestor and Chico Cota	421-425 (II)			
Martínez, Ramón	426, 427 (II)			
	427 a,b (III)			

428 429 430 431 432 433 434 435
436 437 438 438a 439 440 441 441a
441b 442 443 444 445 446 447 448
449 449a 449b 449c 449d 449e 449f 450 451
452 453 454 455 456 457 458
459 460 461 462 463 464 465
466 467 468 469 470 471 472

NAME	BRAND[a]	RANCH[b]	DISTRICT	DATE OF GRANT
Martínez, Reyes	428 (VIII) (1852)		San José	
Martínez, Rosario	429 (III)			
Martínez, Vicente	430 (III)			
Mata, Angela	431 (V) (1851)		Comondú	
Mayoral, Antonio	432 (V) (1853)		Comondú	
Mayoral, Juan	433 (V) (1818)		Comondú	
Mayoral, Ramón	434 (V) (1855)		Comondú	
Mayoral, Rufo	435 (V) (1855)		Comondú	
Mayoral, Santa Ana	436 (V) (1861)		Comondú	
Mendoza, Felipe	437, 438 (II) 438a (III)	El Arroyo del Alamo (L)	San Antonio	1817
		La Ensenada de los Muertos (L)	San Antonio	1827
Mendoza, Froilán	439 (II)			
Mendoza, José María	440, 441 (II)	Las Calabazas (L)	La Paz	1842
		Agua Miranda (L)	San Antonio	1851
	441a,b (III)	La Mano Pintada (L)	Todos Santos	1852
		Arroyos del Alamo (A)	San Antonio	1817
Mendoza, Julián	442, 443 (III)			
Mendoza, Nicolás	444-446 (III)			
Mendoza, Ramón	447 (I) (1842)		La Paz	
	448 (IX) (1883)			
Mendoza, Sirilio	449 (I) (1842)		La Paz	
	449a-f (III)			
Mendoza, Sixto	450, 451 (II)			
Mendoza, Vicente	452, 453 (II)			
Meza, Carolina	454 (V) (1852)		Comondú	
Meza, Doroteo	455 (V) (1845)		Comondú	
Meza, Juana	456 (V) (1854)		Comondú	
Meza, Juan	457 (V) (1846)		Comondú	
Meza, Manuel	459 (V) (1844) 458 (III)	El Agua Caliente (L)	San Antonio	1814
Meza, Miguel		El Pabellón (L)	Comondú	1834
	460 (V) (1857)		Comondú	
Meza, Nicolás	461 (V) (1854)		Comondú	
Meza, Pablo	462 (V) (1854)		Comondú	
Meza, Pedro	463 (V) (1856)		Comondú	
Meza, Romualdo	464 (V) (1848)		Comondú	
Meza, Salvador	465 (V) (1819)		Comondú	
Meza, Sebastián	466 (VI) (1844)		Comondú	
Miranda, Ramón	467 (III)	Agua Caliente (A)	Santiago	1803
		La Ballena (A)	San Antonio	1814
Molina, José	468 (II)			
Molina, Loreto	469 (II)			
Molina, Miguel	470 (VIII) (1827)		San Antonio	
Monrroy, Dolores	471 (V) (1853)		Comondú	
Morales, Antonio	472 (II)			

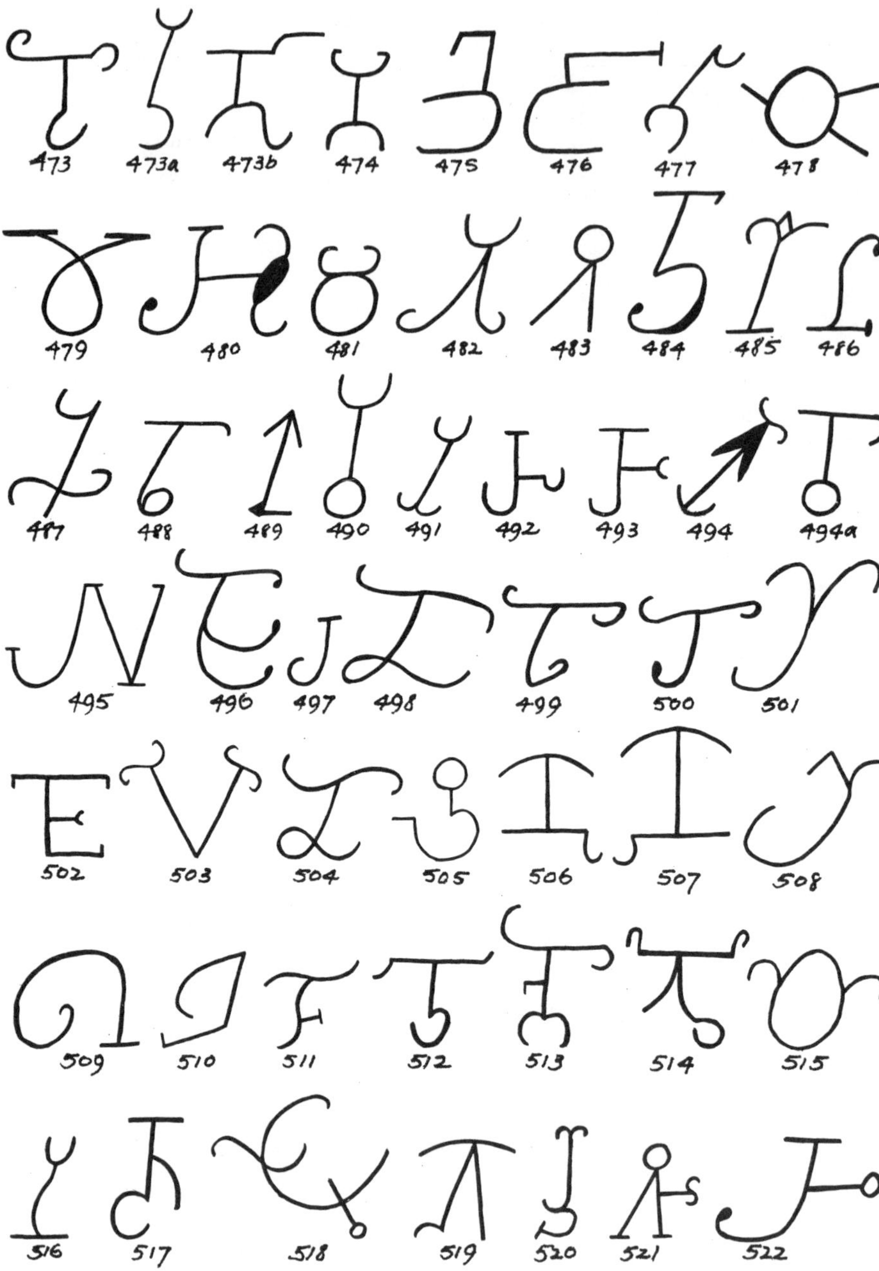
473 473a 473b 474 475 476 477 478
479 480 481 482 483 484 485 486
487 488 489 490 491 492 493 494 494a
495 496 497 498 499 500 501
502 503 504 505 506 507 508
509 510 511 512 513 514 515
516 517 518 519 520 521 522

NAME	BRAND[a]	RANCH[b]	DISTRICT	DATE OF GRANT
Moreno, Domingo	473 (II)			
	473a,b (III)			
Moreno, José	474-476 (II)	La Pisoneña (L)	San Antonio	1829
Moreno, Luz	477 (III)			
Moreno, Miguel	478 (V) (1831)		Comondú	
Morillo, Canuto[32]	479 (III)			
Morillo, José María	480 (V) (1844)		Comondú	
Morillo, Luz	481 (II)			
Morillo, Santiago	482 (V) (1843)		Comondú	
Murillo, Ambrosio	483 (V) (1843)		Comondú	
Murillo, Ana	484 (V) (1847)		Comondú	
Murillo, Jesús	485 (VIII) (1869)		La Paz	
Murillo, Loreta	486 (V) (1853)		Comondú	
Murillo, Ramón	487 (V) (1852)		Comondú	
Nieto, Cruz[33]	488-491 (III)			
Nieto, Pablo	492 (II)			
Nieto, Pilar	493 (III)			
Núñez, Andrés	494 (I) (1851)			
	494a (III)		La Paz	
Núñez, Merced	495 (IV) (1859)	El Carrizal	La Paz	
	496 (VIII) (1859)			
Ojeda, Román[34]	497 (II)			
Olachea, Dolores	498 (VIII) (1869)		La Paz	
Olachea, Féliz	499, 500 (II)	Los Saltitos (L)	La Paz	1823
Olachea, Loreto	501 (VI; VIII) (1869)		La Paz	
Olachea, Manuel	502 (I) (1853)		La Paz	
Olachea, María Antonia	503 (VI; VIII) (1869)		La Paz	
Olachea, María Dolores	504 (IX) (1869)		La Paz	
Olveda, Cruz	505 (IV) (1856)		La Paz	
Orantes, Ignacio	506, 507 (VIII) (1824; 1869)		San Antonio	
Orantes, Loreto	508, 509 (VI; VIII) (1869)	Intermedios	La Paz	
Orozco, Serapio	510 (III)	El Alamo (L)	San Antonio	1817
Ortega, Concepción	511-514 (II)			
Ortega, Luis	515 (III)			
Ortiz, José	516 (III)			
Osuna, Antonio	517 (V) (1858)		Comondú	
Osuna, Bernardo de	518 (V) (1844)		Comondú	
Osuna, Carmen	519 (V) (1830)		Comondú	
Osuna, Francisco	520 (II)	Tiguana (A)	Comondú	1813
Osuna, Joaquín	521 (V) (1823)		Comondú	
Osuna, Juan	522 (V) (1845)		Comondú	

523 524 525 526 527 528 529 530
531 532 533 534 535 536 537 538 539
539a 540 541 542 543 544 545 546
547 548 549 550 551 552 553 554
555 556 557 558 559 560 561 562
563 563a 564 565 566 567 568
569 570 571 572 572a 572b 572c 572d

NAME	BRAND[a]	RANCH[b]	DISTRICT	DATE OF GRANT
Osuna, Juan José	523 (IX) (1883)		La Paz	
Osuna, Pedro	524 (V) (1843)		Comondú	
Osuna, Rafael	525 (IX) (1883)		La Paz	
Osuna, Remigio	526 (V) (1844)		Comondú	
Palacio, Rosario	527 (II)			
Palacios, José María	528 (VI; VIII) (1869)		La Paz	
Pedrín, Eugenio	529 (III)			
Pedrín, Juan	530-533 (III)	San Felipe (L)	San José	1822
		El Potrero (L)	San José	1832
Pedroza, José María	534 (IX)(1885)		La Paz	
Peralta, Zenobio	535 (V) (1854)		Comondú	
Pérez, Próspero	536 (VIII) (1869)		La Paz	
Quijada, Mariano	537 (IX) (1884)		La Paz	
Ramírez, Antonio	538 (III)			
Ramos, Carmen	539 (I) (1850)		La Paz	
	539a (III)			
Real, Tomás	540 (V) (1845)		Comondú	
	541 (V) (1853)		Comondú	
Rivera, Gregorio	542 (VIII) (1869)		La Paz	
Rivera, Martín	543 (IV) (1856)		La Paz	
Romero, Cayetano	544 (V) (1844)		Comondú	
	545 (IX) (1869)		La Paz	
Romero, Encarnación	546, 547 (V) (1844)		Comondú	
Romero, Ignacio	548 (V) (1844)		Comondú	
Romero, Isabel	549 (V) (1851)		Comondú	
Romero, Jacinto	550, 551 (II)	Las Flores (L)	San Antonio	1814
		Santa Anna (L)	San Antonio	1835
		Covarrubias (L)	San Antonio	1824
Romero, José María[35]	552 (III)	San Ignacio (L)	Comondú	1786
		Santa Cruz (L)	Comondú	1793
		Las Flores (L)	San Antonio	1814
		Santa Ana (L)	San Antonio	1825
	553 (V) (1849)		Comondú	
Romero, Juan José	554 (V) (1844)		Comondú	
Romero, Luis	555 (V) (1845)		Comondú	
Romero, Manuel	556 (V) (1833)		Comondú	
Romero, Matías	557 (V) (1829)		Comondú	
Romero, Ramón	558, 559 (V) (1844)		Comondú	
Romero, Soledad	560 (IX) (1870)		La Paz	
Romero, Trinidad	561 (V) (1857)		Comondú	
Romero, Vicente	562 (II)	Poza Grande (L)	Comondú	1853
Romero Mato, Jacinto	563(II)			

572c 572f 572g 572h 572i 572j 572k 572l
572m 572n 572o 572p 572q 572r 572s 572t
572u 572v 572w 573 574 575 576 577
578 579 580 581 582 583 584
585 586 587 588 589 590 591 592
593 594 595 596 597 598 599
600 601 602 603 604 605 606 607

NAME	BRAND[a]	RANCH[b]	DISTRICT	DATE OF GRANT
Roquín, Doroteo	563a-572 (II)			
	572a-w (III)			
	573 (IV) (1856)		La Paz	
Rosas, José Joaquín	574 (IV; VIII) (1859)		La Paz	
Rosas, Ignacio	575 (IV) (1855)		La Paz	
Rosas, Teresa M. de	576 (VIII) (1869)		La Paz	
Rubio, Juan	577 (V) (1850)		Comondú	
Ruelas, María Nemesia	578, 579 (IX) (1881)		La Paz	
Ruffo, Antonio (El Finado)[36]	580 (II)			
	581 (IV) (1859)		La Paz	
Ruffo, Pepa	582, 583 (III)			
Ruiz, Angel	584 (II)			
Ruiz, Eugenio	585 (II)			
Ruiz, Pedro	586 (II)			
Ruiz, Santos[37]	587 (II)	San Antonio de la Sierra (L)	San Antonio	17—
		La Victoria (L)	San Antonio	1816
		San Vicente (L)	San Antonio	1834
		Concepción (L)	San Antonio	
Ruiz, Telesforo	588 (IV) (1859)		La Paz	
Ruiz, Trinidad	589 (VIII) (1869)		La Paz	
Ruiz, Valentín	590 (IX) (1883)		La Paz	
Ruiz de Moreno, Josefa	591 (IX) (1885)		La Paz	
Rusón, Gabriel[38]	592 (II)			
Rusón, Trinidad and Jesús	593 (IV) (1857)		La Paz	
Salgado, Antonio	594 (IX) (1869)		La Paz	
Salorio, Manuel	595 (II)			
Sánchez, Alvino	596 (I) (1851)		La Paz	
Sánchez, Antonio	597-599 (II)			
	600 (VIII) (1869)		La Paz	
Sánchez, Camilo	601 (VIII) (1839)		San Antonio	
Sánchez, Félix[39]	602 (II)	El Carrizal (L)	San Antonio	1810
Sánchez, Guadalupe	603 (II)			
Sánchez, Juan María	604-608 (II)			
	608a,b (III)			

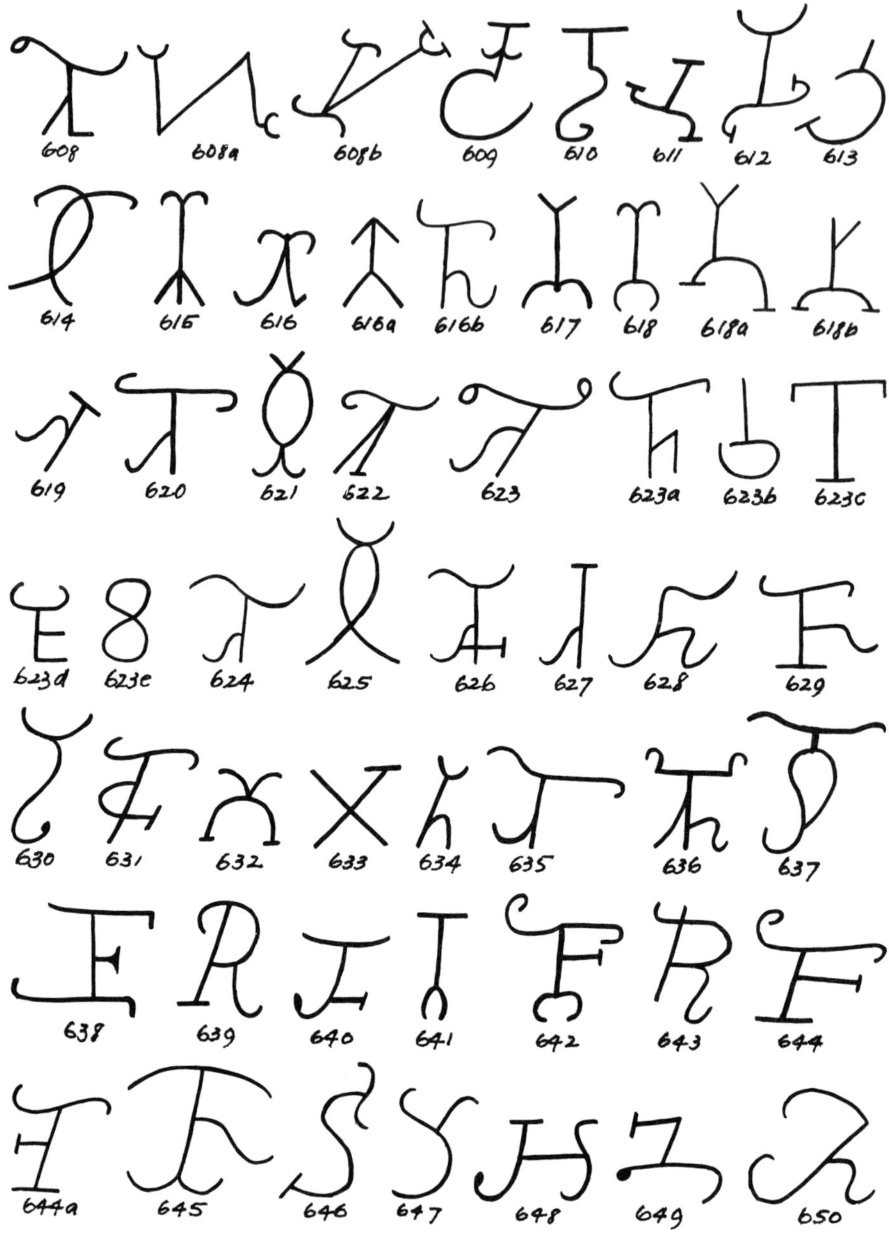
608
608a
608b
609
610
611
612
613
614
615
616
616a
616b
617
618
618a
618b
619
620
621
622
623
623a
623b
623c
623d
623e
624
625
626
627
628
629
630
631
632
633
634
635
636
637
638
639
640
641
642
643
644
644a
645
646
647
648
649
650

NAME	BRAND[a]	RANCH[b]	DISTRICT	DATE OF GRANT
Sánchez, Loreto	609 (VIII) (1869)		La Paz	
Sánchez, Manuela	610 (II)			
Sánchez, Salvadora	611 (I) (1851)		La Paz	
Sánchez Almansa, Antonio	612 (IV) (1858)		La Paz	
Sánchez de Sandoval, Josefa	613 (VIII) (1869)		La Paz	
Sandoval	614 (II)			
Sandoval, Ignacio	615, 616 (II)			
	616a,b (III)			
Sandoval, Jesús	617, 618 (II)			
	618a,b (III)			
Sandoval, José María[40]	619 (I) (1851)	La Paz (L)	La Paz	1811
	623a-e (III)	Santa Trinidad (L)	La Paz	1811
	620-623 (II)	Zacatal (R)	La Paz	
	624-630 (VIII)	Zacatecas (L)	La Paz	1844
	(1836; 1851;	El Mogote (L)	La Paz	1851
	1879)		La Paz	
Sandoval, José del Rosario	631 (VIII)(1841)		La Paz	
Sandoval, Luis	632 (II)	Palo Verde (L; A)	La Paz	1823
Sandoval, Manuel	633-636 (II)			
Savín, Concepción D. de	637 (IX) (1885)		La Paz	
Sosa y Silva, Faustino	638 (IX) (1884)		La Paz	
Sosa y Silva, Francisco[41]	639-644 (II)	El Cajón de los		
	644a (III)	Reyes (L)	La Paz	
Sosa y Silva, Rosario	645, 646 (VI) (1876)		La Paz	
Sosa y Silva, Victorino	647 (VII) (1871)		La Paz	
Soto, José María	648 (VIII) (1869)		La Paz	
Talamantcs, Antonio	649 (II)			
Talamantes, Domingo	650 (VIII) (1830)		San Antonio	
	(VI; VIII) (1869)		La Paz	

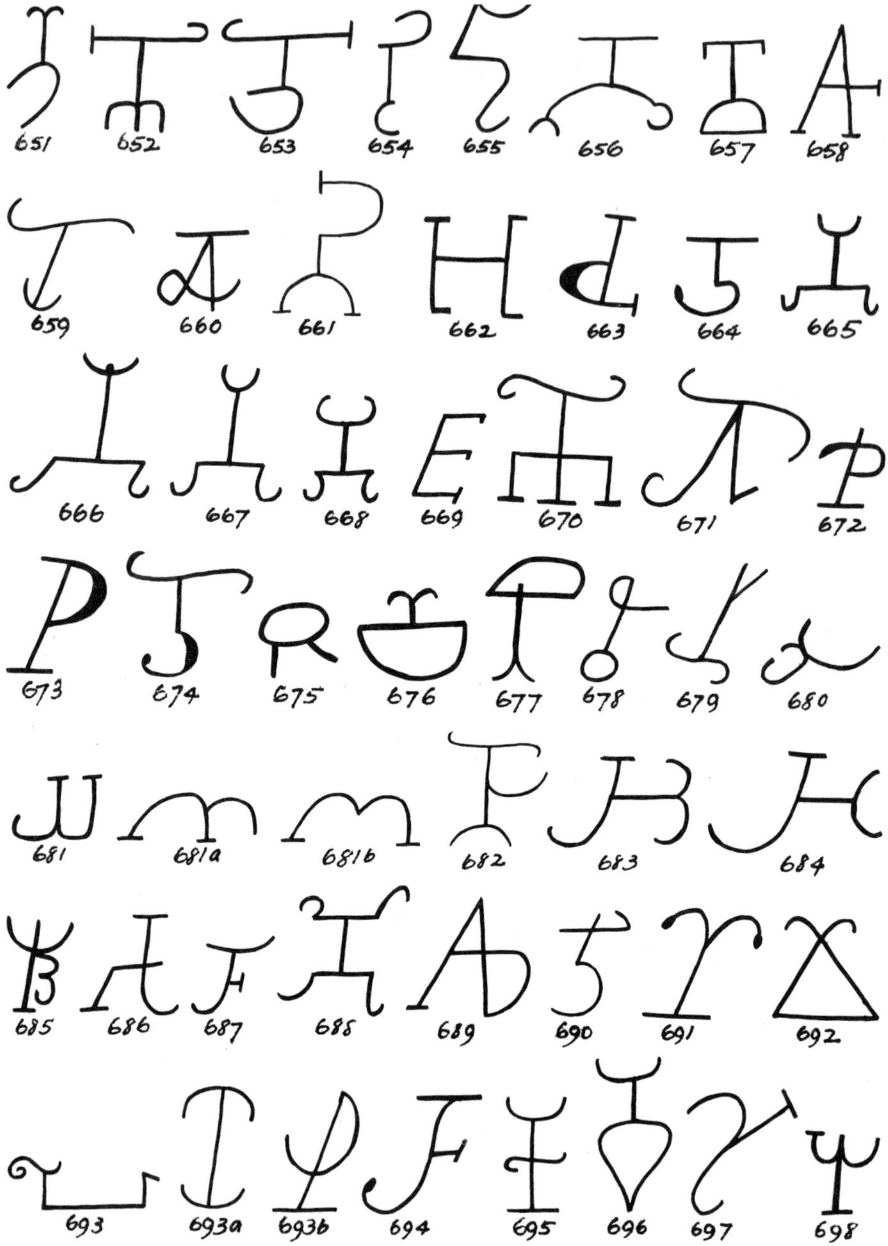
651 652 653 654 655 656 657 658
659 660 661 662 663 664 665
666 667 668 669 670 671 672
673 674 675 676 677 678 679 680
681 681a 681b 682 683 684
685 686 687 688 689 690 691 692
693 693a 693b 694 695 696 697 698

NAME	BRAND[a]	RANCH[b]	DISTRICT	DATE OF GRANT
Talamantes, Loreto	651 (II)	Cuñaño (L)	San Antonio	1846
Talamantes, Manuel	652-654 (II)	La Cañada de los Bueyes (L)	San Antonio	1852
	655 (VIII) (1842)		La Paz	
Tamania, Fernando	656-659 (III)			
Tamayo, Cornelio	660 (II)			
Tavares, Joaquín	616 (IV) (1857)		La Paz	
Teleche, Juan Bautista	662, 663 (V) (1844)		Comondú	
Toba	664 (II)			
Toba, Benigno de la	665 (II)			
	666, 667 (V) (1844)		Comondú	
Toba, Estanislao de la	668 (II)			
	669 (V) (1847)		Comondú	
Toba, Fernando de la	670 (V) (1809)		Comondú	
Toba, Loreto de la	671 (IX) (1884)		La Paz	
Toba, Pablo de la[42]	672 (II)	Misión de San Luis Gonzaga (L)	La Paz	1769
		Los Dolores (L)	La Paz	
		La Pasión (L)	La Paz	1834
		Iritú (L)	La Paz	1855
		El Plátano (L)	La Paz	1855
	673 (V) (1847)		Comondú	
Toba, Ramón de la	674 (V) (1835)		Comondú	
Trasviña[43]	675 (II)			
Trasviña, Francisco	676 (II)			
Trasviña, José María	677 (II)	Los Jacalitos (A)	San José	1818
Tropa (La Paz)	678, 679 (III)			
Urbano, Jesús[44]	680 (II)			
	681 (I) (1848) (VIII) (1869)		La Paz	
Valdés, Antonio	682 (IV) (1857)		La Paz	
Valdés, José	683 (VIII) (1869)	Intermedios	La Paz	
Valenzuela, Florencio	684 (IX) (1876)		La Paz	
Vázquez, Aniceto	685 (II)			
Vázquez, Antonio	686,687 (III)			
Véliz, José María	688 (V) (1832)		Comondú	
Verdugo, Angela	689 (VII) (1871)		La Paz	
Verdugo, Antonio	690 (VI) (1867)		La Paz	
Verdugo, Carlos	691 (V) (1844)		Comondú	
Verdugo, Concepción[45]	692 (IX) (1885)		La Paz	
Verdugo, Florencio[46]	693 (II)	Arroyo Hondo (L)	Comondú	1827
	693a,b (III)	San Pedro (L)	Comondú	1846
Verdugo, Francisco	694 (V) (1839)		Comondú	
Verdugo, Guadalupe	695, 696 (III)			
Verdugo, Ignacio	697 (V) (1843)		Comondú	
Verdugo, Irineo	698 (II)			

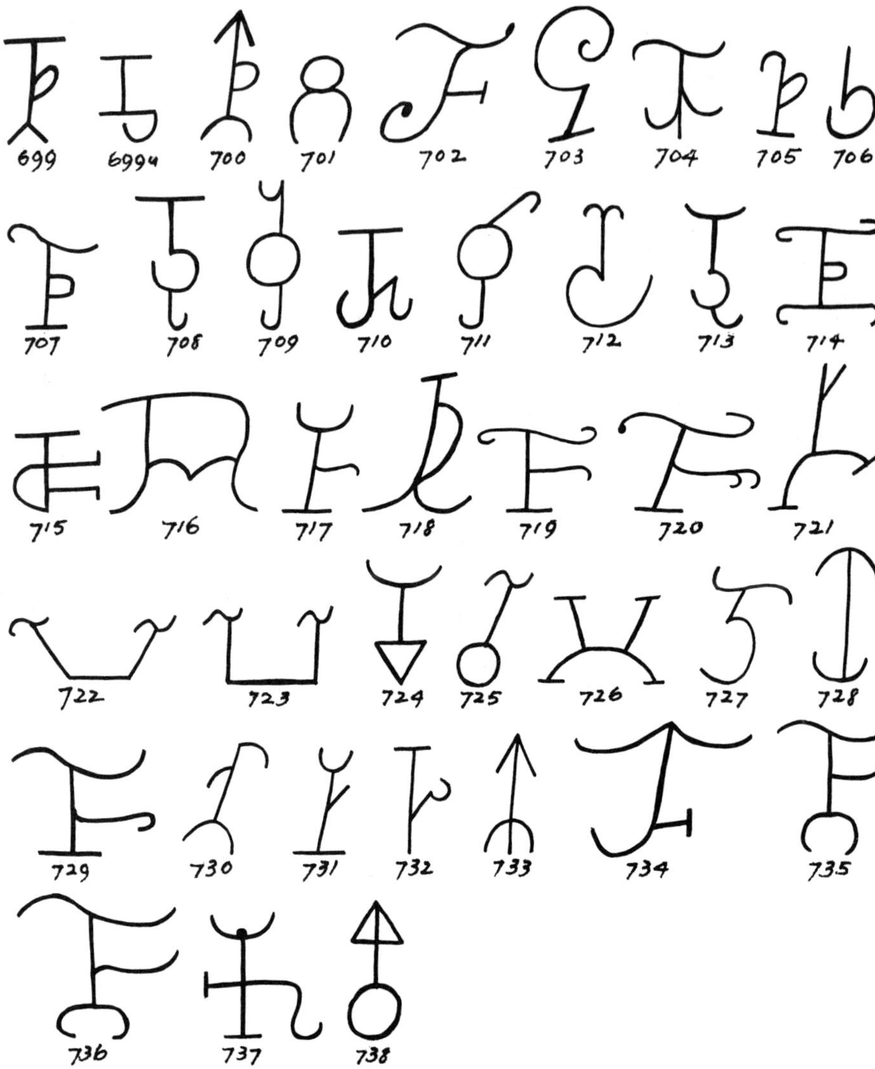
699 699a 700 701 702 703 704 705 706
707 708 709 710 711 712 713 714
715 716 717 718 719 720 721
722 723 724 725 726 727 728
729 730 731 732 733 734 735
736 737 738

NAME	BRAND[a]	RANCH[b]	DISTRICT	DATE OF GRANT
Verdugo, Leandro	699 (II) 699a (III) 700 (VI, VII) (1869)		La Paz	
Verdugo, Lorenzo	701 (III)			
Verdugo, María de Jesús	702 (V) (1852)		Comondú	
Verdugo, Sancho	703 (II)			
Villalobos, Rosario	704-715 (II)			
Villanueva, María	716 (IX) (1885)	Chametla	La Paz	
Yépis, Antonio	717 (VII) (1869)		La Paz	
	718 (VIII) (1868; 1869)		La Paz	
Yépis, Felipe	719, 720 (VIII) (1869)		La Paz	
Yépis, José	721-728 (III)			
Yépis, Josefa	729 (IX) (1871)		La Paz	
Yépis, Leocadio	730-733 (III)			
Yépis, Teresa	734 (IX) (1884)		La Paz	
Yépis de Moreno, Jacinto	735 (VIII) (1869)		La Paz	
	736 (IX) (1871)		La Paz	
Yvanco, Felipa	737 (V) (1854)		Comondú	
Yvanco, Guillermo	738 (V) (1829)		Comondú	

Notes to the Registry of Brands

a. Roman numerals indicate source of brand as listed in the introduction; dates of registry follow in parentheses. (Los romanos indican las fuentes de las marcas según la lista en la introducción; las fechas de regístro están entre paréntesis a continuación).

b. Source of ranch names is indicated by abbreviations in parenthesis as follows: (Las fuentes para los nombres de los ranchos se indican por abreviaturas según la siguiente lista):

(A) Archivo Histórico de Baja California Sur Pablo L. Martínez, La Paz. Legajos 9-11, 15.

(L) Ulises Urbano Lassépas, *De la Colonización de la Baja California.* (México: Vicente García Torres, 1859), 114-115.

(M) Pablo L. Martínez, *Guía Familiar de Baja California.* (México: Editorial Baja California, 1965), *passim.*

(R) Philip O. Gericke, ed. *Historical Notes on Lower California by Manuel C. Rojo.* Baja California Travels Series, 26. (Los Angeles: Dawson's Book Shop, 1972), *passim.*

(V) Adrián Valadés, *Historia de la Baja California 1850/1880.* Miguel León-Portilla, ed. (México: UNAM, 1974), *passim.*

1. Marcelo Agúndez was granted El Rorario ranch, La Paz, in 1817, and Los Chorros ranch in 1820. Archivo, legajo 11.

2. A native of Peru; served as Alcalde and Judge of First Instance in La Paz; Political Chief, 1857-1858; informant of Rojo. Natural del Perú; alcalde y juez de primera instancia en La Paz; Jefe Político, 1857-1858; informante de Rojo. Lassépas, 155; Rojo, 127, 143; Valadés, 67.

3. The heirs of Angulo were granted El Novillo ranch, La Paz, in 1793. Lassépas, 132.

4. Buenaventura Arce was granted San Carlos (1825), Santa María (1839), San Francisco (1840) and San Zacarías (1841) ranches in Mulegé. Lassépas, 120. The brand was granted through a petition by Santiago Contreras, husband of Benigna Arce. La marca fue concedida por petición de Santiago Contreras, marido de Benigna Arce.

5. The brand registered in 1851 was purchased from Salvador Calderón in 1850. Regístro de Fierros. Esteban Arias was granted El Alamo ranch, San Antonio, in 1818. Archivo, legajo 11. See, Verdugo, Concepción

6. The brand was transferred by Jesús Urbano, husband of Dolores Armenta. Regístro de Fierros. La marca fue trasladada por Jesús Urbano, marido de Dolores Armenta.

7. Simón Avilés was granted El Refugio ranch, Todos Santos, and El Sauce ranch, San Antonio, in 1823. Archivo, legajo 15.

8. A native of France; married Ramona Calderón of La Paz; informant of Rojo. Lassépas, 155; Martínez, 143; Rojo, 89, 143. Natural de Francia; marido de Ramona Calderón de La Paz; informante de Rojo.

9. Registry in the name of Jesús Belloc, a minor. Registrado en nombre de Jesús Belloc, menor de edad.

10. Ignacio Cadena was granted La Pintada ranch, San José, in 1815. Archivo, legajo 11.

11. The Carrillo family was granted Yeneká ranch, San José, in 1807. Lassépas, 136.

12. The Castro family held the following ranches: El Agua Caliente, San José, 1807; San Francisco, Todos Santos; Santo Domingo, Todos Santos. Lassépas, 137, 138, 141. Salvador Castro served as Territorial Congressman in 1865. Valadés, 126. Crisóstomo Castro was granted land in Todos Santos by José de Gálvez in 1768; Salvador Castro received a similar grant in the same year and was granted El Palmerito ranch, Todos Santos in 1785; on his death José de Castro held La Trinchera ranch in 1796. Archivo, legajos 9,13. Crisóstomo Castro recibió terrenos en Todos Santos concedidos por José de Gálvez en 1768 y en el mismo año Salvador Castro recibió semejante concesión. Salvador Castro fue diputado territorial en 1865.

13. Juan Ceseña was granted Las Ballenas ranch, San José, in 1823. Archivo, legajo 15.

14. John Collins, a native of England. Martínez, 22. Natural de Inglaterra.

15. Las Lagunillas and San Antonio were held jointly with Loreto Contreras. Lassépas, 122, 125. Las Lagunillas y San Antonio eran de su propiedad juntamente con Loreto Contreras.

16. See note 14 *supra*.

17. The Cota family was granted El Triunfo ranch, San Antonio, in the eighteenth century. Covarrubias ranch was held jointly with J. Romero. Lassépas, 120, 136. Julián Cota was granted Agua Tapada ranch, San Antonio, in 1823. Archivo, legajo 15. Los Cota recibieron la concesión de El Triunfo (San Antonio) en el siglo XVIII. Covarrubias era de su propiedad juntamente con J. Romero.

18. Juan José Cota pronounced against Political Chief Colonel Francisco Padilla at La Paz in 1843, claiming the post for himself. The failure of his revolt resulted in the confiscation of his lands. Rojo, 127, 129-132, 141. Juan José Cota pronunció contra el Jefe Político Coronel Francisco Padilla en La Paz en 1843, reclamándose el puesto por si mismo. El fracaso de la rebelión le causó la confiscación de sus terrenos.

19. Juan de la Cruz Márquez was granted El Mangle ranch, San José, in 1823. Archivo, legajo 15.

20 José Ignacio Duarte was granted land in Santiago and La Misión Vieja ranch, San José, in 1823. Archivo, legajo 15.

21. A José Rosario Escobar was granted El Quelele ranch, La Paz, in 1850. Lassépas, 124.

22. Cornelio Espinosa was granted El Arroyo de la Pasión ranch, La Paz, in 1845. Lassépas, 124.

23. A native of France. Natural de Francia. Martínez, 476.

24. Cristóbal Geraldo was granted Angel de la Guarda ranch, San Antonio, in 1770; Pantaleón Geraldo was granted Don Mariano de la Riva ranch, San Antonio, in 1819. Archivo, legajos 9, 11.

25.The heirs of Cristóbal Gerardo were granted San Blas ranch, San Antonio, in 1770 and Angel de la Gracia ranch, San Antonio, in 1772. Lassépas, 135. Cf. note 23 *supra*.

26. Félix Gibert, son of Gerónimo Gibert, led the attack against the invasion of William Walker at La Paz in 1853, served as Customs Administrator in that year, as Territorial Congressman in 1858, and as Political Chief during the French Intervention from 1865 to 1867; he was also an informant of Rojo. Félix Gibert, hijo de Gerónimo Gibert, encabezó el ataque contra la invasión de William Walker en La Paz en 1853, fue Administrador de Aduana en el mismo año, Diputado Territorial en 1858, y Jefe Político durante la Intervención Francesca desde 1865 a 1867; también fue informante de Rojo. Martínez, 22; Rojo, 88, 94; Valadés, 33, 49, 72.

27. The González family was granted Santa Gertrudis ranch, Todos Santos, in the nineteenth century. Lassépas, 138. Gerónimo González was granted land in Todos Santos by José de Gálvez in 1768; Domingo González was granted La Guarda del Palmito ranch, Todos Santos, in 1823. Archivo, legajos 9, 15.

28. A native of Spain. Natural de España. Lassépas, 155.

29. A native of Spain. Natural de España. Lassépas, 156.

30. Silvestre León was granted Las Animas and Los Encinitos ranches, San Antonio, in 1808; Eufrasio León was granted La Novia Vieja ranch, La Paz, in 1816. Archivo, legajo 11.

31. The Mendoza family was granted La Trinchera ranch, San Antonio, and La Ballena ranch, San Antonio, in the eighteenth century, Cerro Blanco ranch, San Antonio, and Palos Verdes ranch, San Antonio, in the nineteenth century, and El Agua Blanca ranch, San Antonio, in 1832. Lassépas, 136, 139, 152.

32. At times confused with the name Murillo. The Murillo family was granted San José de Gracia (1813) in Comondú, La Junta (1822) in La Paz, Bonó (1826) in Loreto, Agua Escondida (1834) in La Paz, San Juan y Guadalupe (1842), Jesús del Monte (1846) and Cadejé (1851) in Comondú. Lassépas, 141. A veces este apellido se confunde con el de Murillo; los Murillo recibieron los antemencionados ranchos.

33. Isidro Nieto was granted Santa Gertrudis ranch, Todos Santos, in 1807. Archivo, legajo 11.

34. The Ojeda family was granted Guadalajara ranch, San José, in 1804; a Ramón Ojeda was granted El Agua Escondida ranch, San José, in 1851. Lassépas, 126, 136. Francisco Ojeda was granted El Arroyo de San Dionisio ranch, Santiago, in 1806; Valentín Ojeda was granted El Sauce ranch, San Antonio, in 1821. Archivo, legajos 10, 16.

35. A J. M. Romero was granted San Juanico ranch, Comondú, in 1823 and La Soledad ranch, San Antonio, in 1823. Lassépas, 119-120. See note 16 *supra*. Felipe Romero was granted land in San José del Cabo by José de Gálvez in 1768. Archivo, legajo 9.

36. A native of Spain; married Josefa Santa Cruz in Guayaquil, Ecuador; immigrated to La Paz with wife and daughters Carmen and Adelaida;

served as Judge of First Instance in La Paz; leading merchant and outfitter of pearl-fishing enterprises; died in 1849 (El Finado—The Late). Martínez, 21; Rojo, 89. Natural de España; casado con Josefa Santa Cruz en Guayaquil, Ecuador; inmigró a La Paz con su esposa y dos hijas Carmen y Adelaida; Juez de Primera Instancia en La Paz; mercader principal y armador de empresas pesqueras de perlas; murió en 1849.

37. The Ruiz family was granted the following ranches in the district of San Antonio: La Junta (1824), San Vicente (1827), Palo de Arco (1835), La Parra, La Cuesta, Corral Falso, El Refugio, El Perico, Los Llanitos, La Muela, El Savial, Santa Rosalía, El Pescadero, Bombací, La Bolsa. Lassépas, 139-140. Juan María Ruiz was granted La Soledad ranch, San Antonio, in 1823. Archivo, legajo 15.

38. A native of France; his original family name was Rousseau. Martínez, 475. Natural de Francia; su apellido original era Rousseau.

39. José Miguel Sánchez was granted Carrizal ranch, San Antonio, in 1810. Archivo, legajo 11.

40. An informant of Rojo. Rojo, 94, 129.

41. A native of Portugal and informant of Rojo. Natural de Portugal e informante de Rojo. Lassépas, 156; Rojo, 143.

42. Among the earliest civilian settlers of Baja California Sur. The grant of the ex-Jesuit mission San Luis Gonzaga was made by Visitor General José de Gálvez. Lassépas, 135.

43. Antonio Trasviña was granted El Jacalito ranch, San Antonio, in 1817 and El Orégano ranch, San Antonio, in 1844. Lassépas, 124, 137.

44. A leader in the defense of La Paz against William Walker in 1853. Valadés, 33.

45. See, Arias, Luz.

46. The Verdugo family was granted the following ranches in the district of Loreto: Los Encinitos, El Sauce, Santa Rosalía, Guadalupe, Las Cruces, Quepo, Santo Domingo, El Agua Verde, El Potrero, Los Dolores, La Higuera; and in the district of Comondú: La Purísima Vieja, El Pozo, La Picota, Las Garzas, El Aguajito, Santo Tomás, Tiguana, San Javier, Inchá, San Matías, La Trinidad. Lassépas, 141-142.

600 copies
printed by Grant Dahlstrom
at
The Castle Press, Pasadena